# 盆景造型技艺

兑宝峰 编著

海峡出版发行集团
THE STRAITS PUBLISHING & DISTRIBUTING GROUP
福建科学技术出版社

图书在版编目（CIP）数据

盆景造型技艺 / 兑宝峰编著. —福州：福建科学技术出版社，2021.6
ISBN 978-7-5335-6423-0

Ⅰ. ①盆… Ⅱ. ①兑… Ⅲ. ①盆景 - 观赏园艺 Ⅳ. ①S688.1

中国版本图书馆CIP数据核字（2021）第048761号

书　　名　盆景造型技艺
编　　著　兑宝峰
出版发行　福建科学技术出版社
社　　址　福州市东水路76号（邮编350001）
网　　址　www.fjstp.com
经　　销　福建新华发行（集团）有限责任公司
印　　刷　福州德安彩色印刷有限公司
开　　本　700毫米×1000毫米　1/16
印　　张　15
图　　文　240码
版　　次　2021年6月第1版
印　　次　2021年6月第1次印刷
书　　号　ISBN 978-7-5335-6423-0
定　　价　68.00元

# 前言

盆景，是大自然的浓缩和精华，也是植物的造型艺术。尽管用于制作盆景的植物种类繁多、千姿百态，但其造型却万变不离其宗——对植物进行艺术化处理，并融入个人情愫，以表现大自然中树木的神韵。因此，有些植物做成盆景后，很难辨别出该植物的具体名称，但都能表现出或苍劲或潇洒或清雅的人文精神，由此可见，“造型”在盆景创作中的重要性。本书以图文并茂的形式，着重介绍树桩盆景不同的造型及制作方法，对具体植物不作细致介绍。

本书在撰写过程中得到了《花木盆景》杂志社编辑李琴、王志宏，《盆景世界》公众号刘少红，日本铃木浩之，湖北范鹤鸣，山东张延信，郑州的杨自强、张国军、王小军、王俊升、马建新、张强，开封的王松岳等朋友的大力支持，特表示感谢。本书的照片部分摄自中国（南京）第七届盆景展、中国（安康）第九届盆景、中国（番禺）第九届盆景展、

第三届全国网络会员盆景精品展（扬州），以及郑州市园林局所举办的盆景展中。书中盆景作品的题名、植物名称及作者（收藏者）名字以展览时的标牌为准，但对于有明显错误的植物名称进行了纠正；对于同一件作品在不同展览所标署的不同作者名字，以拍照时的展览标牌为准。

水平有限，付梓仓促，错误难免，欢迎指正！

兑宝峰

# 目录

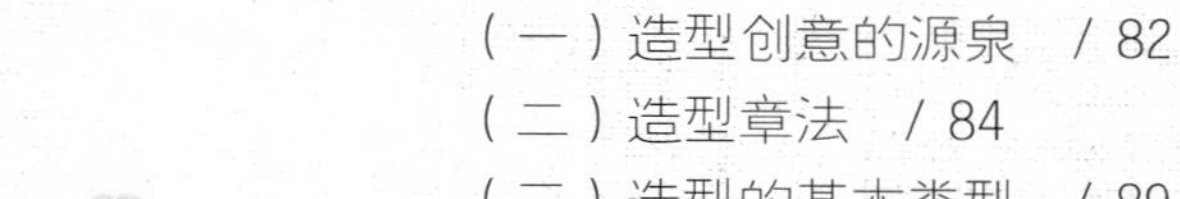

# 基础篇

# 一、盆景的概念

盆景是以植物、山石等为主要材料，以盆钵等器皿为载体，用特有的创作技法对材料进行艺术加工，表现大自然美景的艺术品。

盆景，起源于中国的秦汉时期，形成于唐代，成熟于宋元，兴盛于明清，发展于当代（尤其是20世纪80年代至今）。盆景在形成与发展的过程中，深受中国诗词、绘画等传统艺术的浸淫，唐诗、宋词、元曲及文人画中的意境，都能在盆景中表现出来，有些盆景的题名干脆从古诗词中选取，而"马远松趣""云林逸景""忆松年""唐寅笔意"之类以知名画家名号为题名的作品也屡见不鲜。

黑松盆景——马远松趣（张柏云　作）

云林逸景（张延信　作　王志宏　摄）

盆景并不是大自然景观的简单照搬，而是融入诗情画意、个人情愫后的艺术化再现。好的盆景可以超越现实、穿越时空：在尊重自然规律的前提下，把不同植株，甚至不同种类植物中最美的部分提炼出来，凝聚在一棵树上，以彰显树木之美，达到“源于自然，又高于自然”的艺术境界；还可以将现实生活中早已消失的牧童、身着汉服的隐者高士、樵夫、渔翁、弈者等巧妙地点缀于盆景之中，穿越时空，重现和感受古诗古画中的韵味和意境。

罗汉松盆景——松林牧童（李新 作）

红枫盆景——秋山论道（张延信 作）

谈盆景不得不提一个与之相近的词——盆栽。顾名思义，盆栽就是把植物栽植于盆钵之中，故在一段时间内也称“盆植（即盆中的植物）”。它基本不对植物做造型处理，主要欣赏植物茎、叶、花、果的自然美，像月季、杜鹃花、菊花的绚丽多彩，文竹、万年青的绿意盎然，多肉植物的奇特形态等。当然，也不排除有些植物不经过造型，直接上盆就是一件很好的盆景作品，但盆器的选择及上盆时栽种的角度可视作对植物的艺术加工和造型处理。

在国外（主要是日本、欧美、印度尼西亚等）以及我国的台湾、香港，把盆景称为盆栽。其概念与现代汉语所定义的“盆栽”不同，倒是与中国盆景中的树桩盆景基本相同。

月季盆栽（郑州植物园）

洒向人间都是爱（郑州市绿城广场）

盆景在唐代通过遣唐使传入日本，后经过与日本文化及自然资源的融合发展，逐渐形成了日本盆栽。20世纪初，欧美国家的民众开始对其产生兴趣，频繁地邀请日本艺人前往本国教授技艺，并沿用了日本盆栽（即盆景）的造型、技艺、分类与用语，根据日语的发音将其定名为“Bonsai”。

国外的这种“盆栽”是指经过艺术处理，能够表现大自然中各种树木美姿的艺术品，其技法与形式相当于我国的盆景。但基本没有题名，也几乎不用相应的配件作点缀，因此有人认为它缺乏诗情画意等人文思想。近年来，随着交流与融合，一些国外的“盆栽”也开始使用配件和题名了，但其风格是突出奇特与趣味，而非中国盆景的诗情画意。

总之，先有盆栽，后有盆景。盆景是盆栽的演变和延伸，是在盆栽的基础上，加入了作者的艺术设计和构思，以艺术的眼光对大自然进行诠释，是作者情感的寄托和抒发，是情与景的结合，是艺术美与自然美的融合。

日本老鸦柿（铃木浩之　提供）

中国瓜子黄杨盆景——乡愁（朱永康　作）

中国水旱盆景——秋色（苗龙　作）

# 二、盆景的分类

盆景按使用材料的不同，分为山石盆景与树桩盆景，同时将介于两者之间的盆景称为树石盆景。以下以介绍树桩盆景和树石盆景为主。

## （一）山石盆景

山石盆景也称山水盆景，是以各种观赏石为基本材料，并辅以小型植物进行点缀，在布局上吸收绘画、诗词等艺术门类的元素，艺术化地再现大自然中奇峰峻岭、湖海河溪的一种盆景形式。

山石盆景上的植物只是起到点缀作用，并不是观赏的主体，因此显得石大树小。

山石盆景仍可按一定的标准进一步细分为不同的类型。如根据盆面状况和造景特点的不同，可分为水石盆景、旱石盆景和挂壁盆景；按盆的长度不同，可分为特大型盆景（121厘米以上）、大型盆景（81～120厘米）、中型盆景（41～80厘米）、小型盆景（11～40厘米）、微型盆景（不大于10厘米）等类型；根据山峰多寡，可分为孤峰式、双峰式、多峰式等；根据山体形貌，可分为悬崖式、峡谷式、偏重式、象形式、倾斜式、洞空式、自然式等；根据透视原理，可分为高远式、深远式、平远式等。

山石盆景——秋山晚翠（肖宜兴　作）

## （二）树石盆景

树石盆景是将植物盆景与山石盆景巧妙结合为一体的盆景。用于制作树石盆景的植物要求叶片细小，枝干虬曲，株型紧凑，主根短、侧根长而发达，具有较强的生命力，能够在土壤较少的山石或浅盆中正常生长。常用的有金雀、福建茶、榔榆、平枝栒子、爬山虎、黄杨、六月雪、杜鹃、黄荆、柽柳、火棘、对节白蜡、水杨梅、梅花、蜡梅以及黑松、五针松、侧柏、真柏等。

用于制作山石盆景的石头，不管是软质石（主要有沙积石、鸡骨石、石膏石、松皮石等），还是硬质石（有千层石、斧劈石、龟纹石、英德石、灵璧石、卵石等），只要大小、形状合适都可以使用；但偏碱或含盐量过高的不宜采用，因为此类石材不利于大多数植物的生长，往往会造成叶子发黄脱落，最后死亡。

按其表达的内容，树石盆景可分为附石盆景、旱盆盆景、水旱盆景等三种形式。

**附石盆景**　其特点是树木栽种在山石上，树根或扎在石洞或石缝中，或抱石而生。其风格或清秀典雅，或雄浑大气，或古朴苍劲，或险峻陡峭，或开阔壮观……根据附石的部位不同，可分为干附石和根附石两种类型。其中的根附石又有树抱石（也叫树包石）与石抱树等形式，前者石头嵌在植物根系或树干内，而后者根系嵌在石头缝隙中。

干附石式盆景——
临危不惧（郑州航海健身园作品）

根附石式盆景——
春风又绿江南岸（徐长山　作）

树（榕）抱石盆景——相依成趣（沈勇仁　作）

树（对节白蜡）抱石盆景——
妙趣横生（郑州第十二届盆景展作品）

石抱树（朴树）盆景——抱定青山已忘年（周英志　作）

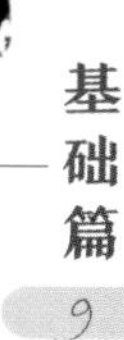

树抱石盆景（铃木浩之　提供）

叠翠（唐庆安　作）

附石盆景还可与双干式、斜干式、临水式、悬崖式等造型的盆景相结合，以增加作品的表现力。在日常养护中，可根据所栽种树木的品种习性采取适宜的管理措施，并经常修剪，使植物既不衰弱，又不狂长。总之，附石盆景中的树木因生存环境较差，管理要格外小心，才能使山石上的树木生机勃勃。

有时树木的主干过于细弱，甚至没有明显的主干，只有细长且不能直立的根，可将其附在形状、大小适宜的石头上，“以石代干”，从而增加作品的表现力。

山橘盆景——傲骨凌风（吴成发 作）

石榴盆景——春华秋实（唐庆安 作）

**旱盆盆景** 这是一种表现山林风光的盆景。同单独表现树木千姿百态的树桩盆景相比，它能够在盆中再现大自然中旱地的地形、地貌以及植物布局。如果说树桩盆景的观赏性是一个“点”，那么旱盆盆景就是一个“面”。按其表现的内容，可分为沙漠风光盆景、草原风光盆景、山林风光盆景等形式。

古域情（翟理华　作）

蓟北雄关（肖宜兴　作）

榆树盆景——

听取蛙声一片（唐吉青　作）

三角枫盆景——力拔山兮（唐吉青　作）

旱盆盆景常用长方形或椭圆形盆、不规则形盆，宜浅不宜深。先在盆中摆放山石，再在合适的位置栽种植物，并在盆面栽种小草，铺青苔，营造出自然起伏的地貌形态。也可将附石式盆景摆放在浅盆中做成旱盆盆景，并在盆面点石，作出远景，以增加作品的纵深感。

**水旱盆景** 以植物、山石、泥土为基础材料，分别应用树桩盆景、山水盆景的创作手法，按立意组合成景，并精心处理地形地貌，根据造景需要点缀舟船、牛、马、牧童、樵夫等配件，在盆中表现水域、旱地树林、山石兼有的自然景观。水旱盆景的用盆宜浅而阔，最常用的是白色石质浅盆或天然形成的石盆。

真柏盆景——云水谣（庞燮庭 作）

米叶冬青盆景——故乡（张宪文 作）

水旱盆景融合树桩盆景、山石盆景之长，意境典雅，如诗如画。按照表现手法的不同，可分为以下几种类型。

**水畔式：**这是水旱盆景中最为常用的形式，用于表现岸边植物（主要是树木，兼有竹草类植物）景致。制作时根据构思，用山石把盆面分成大小不等的两块（既可左右分，也可前后分），一块是旱地，一块是水面。二者面积不宜相等，一般旱地面积较大（约占盆面积的3/5~3/4）。水面与旱地的交界谓之水岸线（也称堤岸线或坡角），水岸线要做得曲折有致，自然优美，所选用的石材及石头的纹理也要尽量一致。在旱地部分栽种植物作为主景，并点石，栽种小草，铺青苔，营造自然和谐的地貌景观。在水面部分点缀小石头作为远景，并根据立意安放舟船等摆件。旱地部分则可安放牧童、马、渔翁、樵夫等摆件，以增加作品的趣味性，但摆件不宜过多，以免杂乱。

黄杨盆景——南岸远眺（夏建元　作）

**江河式：**也称溪涧式，主要表现江河两岸的林木风光。可把盆面分成大小不等的两块旱地（既可左右分，也可以斜向分割，甚至呈对角线分割）。二者之间的空白即为江河水道，水道要近宽远窄，蜿蜒曲折，有一定的变化。该形式盆景水道所占的面积较小，而旱地面积相对较大。在两块旱地上分别栽种树木，做成丛林景观。

真柏盆景——苍茫远岫图（肖宜兴　作）

六月雪盆景——家在清溪河处边（张宪文　作）

**江湖式：**此式盆景水占盆面比旱地面积大，水把旱地分成大小不等的两三块，在旱地可栽种树木（也可以草代木），在水面点缀舟船。还可根据立意在水面布置小的山石，使景物虚实结合，富有纵深感，以表现水天相连的壮观景色。

香叶盆景——临江远眺（尹清军 作）

**岛屿式：**其主要表现大自然中江河湖海的岛屿风光。此类盆景既可四面环水，也可三面环水（后面与盆的后沿相连），岛上一般栽种一至二株树木。旱地和水面点缀一些形态适宜的山石，以使得景观生动自然。

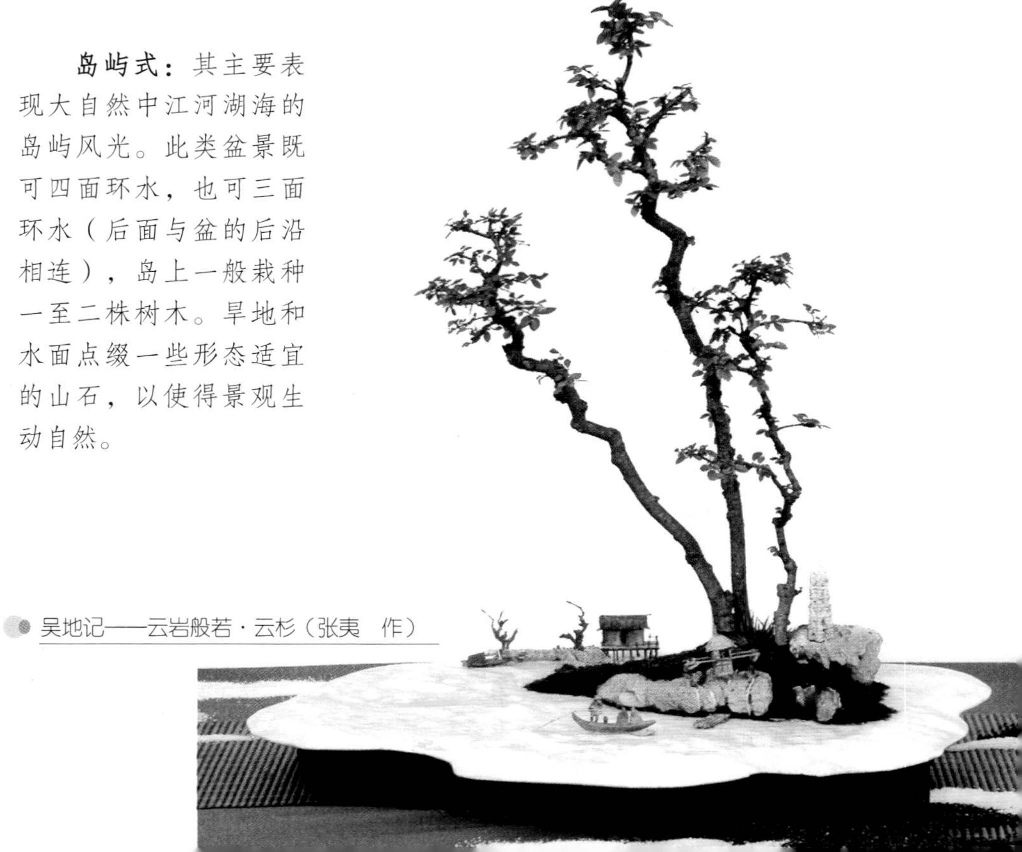

吴地记——云岩般若·云杉（张夷 作）

**孤峰式：**也称独秀式、独峰式，盆内放一块较大的石头，石上栽种植物。与山石盆景中的孤峰式不同的是，植物不再是点缀，而是重要的观赏对象，因此石上栽种的植物应姿态优美而大气。

真柏、地柏盆景——擎云（赵辰建 作）





**综合式：**把两种以上的款式有机地融合于一盆之中，使得景观内容更丰富，情趣更浓。

真柏盆景——山水人家（李云龙 作）

树石盆景所用的盆浅而口阔，土也较少，其水分蒸发相对较快，很容易因干旱缺水，造成植物受损，甚至导致植株死亡。因此，管理一定要小心谨慎，必须勤浇水，以保持湿润，避免造成不必要的损失。

近年来，树石盆景有了创新和发展，像湖北的冯连生融附石盆景与水旱盆景为一体，以山石为盆，山石不用粘在盆器上，而是将其底部磨平后打孔，把树木栽种在山石上，平时将其放在较大的盆器内养护，树木的根系可通过山石下面的孔洞，将根扎在养护盆的泥土中，让其吸收到更多的水分和养分，经过一段时间的生长，树与石融为一体。展览或观赏时适当修剪树形，剪掉孔外的根系，将树石放入白色石盆中，盆面适当修整点缀，即可成景。同时，不同树石之间可以互相组合，组成不同风格的景致。其树木的造型也融入了风动式、悬崖式等多种形式，并利用“近大远小”的透视原理，将主树放大，给人以顶天立地、一览众山小的视觉冲击。这种“移动式组合树石盆景”还具有运输、养护方便等优点。

朴树盆景——
情怀江渚（何长洪　作）

黄杨盆景——
别有洞天（冯连生　作）

还有人将山石做成台阶状以增加作品的层次感。像高干丛林、树石组合盆景《萧疏散淡话秋林》就以丰富的层次，新颖的形式表现出秋天疏林的恬静与安逸，其萧疏散淡、清新隽永的格调，给人以无穷的回味。

萧疏散淡话秋林（张宪文、陈祥群　作）





## （三）树桩盆景

树桩盆景即日本和欧美国家所说的“盆栽”，是以植物为主要材料的盆景的总称。它主要以树木为主（兼有竹、草、多肉植物等），故也称树木盆景。

树桩盆景有时也需要山石的陪衬，但石不是观赏的主体，因此显得树大石小，也有完全没有石头点缀的。

雀梅盆景——觅风（吴成发　作）

树桩盆景同样可细分为不同的类型，如有按规格分的，有按流派分的，有按树种类型分的，有按造型分的（将在“造型篇”中介绍），还有按突出的特点归类的。总之，类型很多。

### 1.按规格分类

树桩盆景的规格不是以盆器的大小为分类依据，而是以土面根茎部至顶梢的高度来分类；悬崖式、卧干式、临水式等造型的盆景则以土面根茎部至飘枝梢端空间长度为分类依据。不同时期、不同团体的评定标准也不尽相同，像微型盆景，以前的标准是植物高度不超过10厘米，后来逐渐提升至15厘米、20厘米，现在则为25厘米。而日本国风盆栽展则规定最大展品（高度、宽度或飘长）不得大于100厘米，小品也不能小于20厘米，标准尺寸为83厘米。

按照2012年中国风景园林学会赏石盆景分会制订的评定标准，树桩盆景的具体规格如下。

**超大型盆景** 指树高在120厘米以上（文人树151厘米以上）的盆景，此类盆景一般用于布置庭院、屋顶花园、公园广场、酒店餐厅等处，很少出现在盆景展览中，即便是出现在展览中也是只参展，不参加评选。一些景观树的制作方法吸收了不少盆景造型的技法，算是盆景的一种类型吧。

**大型盆景** 树高91～120厘米（文人树101～150厘米），冠幅不超过150厘米。

**中型盆景** 树高51～90厘米（文人树61～100厘米），冠幅不超过120厘米。

**小型盆景** 树高26～50厘米（文人树26～60厘米），冠幅不超过90厘米。

**微型盆景** 树高25厘米以下，此类盆景多以3~7盆组合，置于博古架中，可用小草、奇石或其他小摆件做陪衬。

超大型五针松盆景——松鹤延年（上海植物园）

吸收盆景造型技法的景观树（郑州绿博园）

大型刺柏盆景——五岳

（规格：120 厘米 ×100 厘米 ×75 厘米，丁维平　作）

微型盆景组合——欢聚（黄就成　作）

小型临水式造型的三角枫盆景——横空出世

（飘长：40 厘米，北京颐和园管理处）

### 2.按流派风格分类

中国盆景在长期的发展中，形成了以地域为特色的流派。目前，公认的有苏（苏州）派、扬（扬州）派、海（上海）派、川（四川）派、岭南派（五岭以南，以广东以及香港、澳门为主，包括广西、海南等地）等五大流派。

**苏派盆景** 以苏州为中心命名的盆景流派，其特点是古雅苍劲，制作精细，讲究意境，传统造型有顺风、垂枝、劈干、一顶、六台、三托等。主要树种有以观花、观果为主的迎春、海棠、石榴、梅花、紫藤、山茶、杜鹃、虎刺、栀子、南天竹、枸骨、桂花等；以观根、观枝、观叶为主的有榆、三角枫、红枫、雀梅、黄杨、黑松、五针松、罗汉松、真柏、桧柏、竹类等。

苏派榆树盆景——碧螺春色（苏州市虎丘山风景名胜管理处）

**海派盆景** 以上海为中心命名的盆景流派，特点是不拘格律，无任何程式，讲究自然入画，精巧雄健，明快流畅。以自然界的千姿百态的古木为摹本，参考中国山水画的画树枝法，因势利导，加以艺术加工，赋予作品更多的自然之态，因此有“虽由人作，宛若天成”的效果。采用金属丝缠绕干、枝后进行弯曲造型，以粗扎细剪、剪扎并用的技法使之成型。树种有松柏类的黑松、马尾松、锦松、五针松、桧柏、真柏等；阔叶树有榔榆、雀梅、金雀、三角枫、六月雪、胡颓子、枸杞、黄杨、龟甲冬青等。

海派大阪松盆景——翠净秋空（上海植物园）

海派微型盆景组合——和搏一流（袁振威　作）

川派盆景——凌云正气（杜甫草堂江波　作）

此外，海派盆景中的微型盆景形简意赅，玲珑精巧，其志生机勃勃，犹如旷野古木，极具特色。

**川派盆景**　以四川为中心命名的盆景流派，其树木盆景以展示虬曲多姿，苍古雄奇特色，同时体现悬根露爪、状若大树的精神内涵。造型以掉拐、对拐、方拐、滚龙抱柱等规则式为主，同时也有自然式。树种有金弹子、六月雪、罗汉松、银杏、紫薇、贴梗海棠、梅花、火棘、茶花、杜鹃等。

**岭南派盆景** 以广州为中心，遍及珠江三角洲和广西等中南部地区的盆景流派，因地处五岭之南而得名。其特点是师法自然，突出枝干技巧，整体构图布局来源于自然又高于自然，力求自然美与人工美的有机结合，造型方法以修剪为主，主要技法有截干蓄枝、脱衣换锦等，并注重景的造型与盆的选择，力求盆与景自然协调，有着“活的中国画”之美誉。主要树种有九里香、榕树、木棉、红果（红果仔）、相思（朴树）、榔榆、福建茶、山松（马尾松）、勒杜鹃（三角梅）等。其大树型、文人树等造型的盆景更是魅力十足，风靡全国。

岭南派三角梅盆景——风起云涌（郭培　作）

**扬派盆景** 以扬州为中心命名的流派，以松、柏、榆、瓜子黄杨等为主要树种，采用棕丝精扎细剪的造型方法，如同国画中的工笔细描。特别讲究“功力深厚和自幼培养”，这就是“桩必古老，以久为贵；片必平整，以功为贵”。传统的造型有“一寸三弯”“云片”“弯”“疙瘩”“提根”等，具有“严整而富有变化，清秀而不失壮观”的艺术特点。

传统造型的扬派黄杨盆景——巧云（万觐棠　作）

当代扬派盆景在继承传统的基础上，呈多元化发展态势。由赵庆泉等人在传统基础上创新的扬派水旱盆景是其代表作，被称为“新扬派”，作品曾多次在国际、国内顶级展览和比赛中获得大奖。

新扬派盆景（扬州扬派盆景博物馆）

此外，还有按地理位置划分的各种流派或风格，如称安徽盆景为“徽派”，南通盆景为“通派”，如皋盆景为“如派”，浙江盆景为“浙派”等；将南京盆景称为金陵风格，河南盆景称为中州风格，还有北京风格、云南风格、山东风格（或称“鲁派盆景”）、湖北风格等。福建、云南、江西、海南、新疆、香港、台湾等各地的盆景也都各有千秋。这些地区根据当地的气候特点，以本地乡土植物或引进适合本地生长的植物为素材，吸收各家之长，采用多种技法，也制作出大量特点鲜明、造型丰富的盆景。

如皋雀舌罗汉松盆景——双英会（章明如 作）

近年来，随着交流的增加，不同流派、风格之间相互学习融合，取长补短，以大自然为蓝本，融入诗情画意，吸收各派之长，充分利用本地的植物资源，结合本地的气候条件，并吸收国外“盆栽”的一些技法，不少新创作的盆景作品流派特征已经不是那么明显了。但一些传统作品，还是具有明显的地域流派特征，像扬派的云片式造型等。

南通雀舌罗汉松盆景——龙腾（陈志祥　作）

北京紫薇盆景（北京颐和园）

湖北对节白蜡盆景——楚韵（曹军　作）

福建榕树盆景——铁骨天籁（吴国庆　作）

云南铁马鞭盆景——叠翠（崔红波　作）

安徽黄山松盆景——青松出岫（陈继忠　作）

海南博兰盆景——南风怒（彭锦平　作）

山东石榴盆景——傲骨临风（张忠涛　作）

金陵（南京）三角枫盆景——
难忘故乡情（南京玄武湖公园）

新疆天山圆柏盆景——
舞动天山（石启业、翟理华　作）

香港金豆盆景——正果修成（黄就成　作）

台湾黄杨盆景（王俞又　作）

日本真柏盆景（2018 国风展作品，铃木浩之　提供）

河南柽柳盆景——柳荫牧马（贾瑞东　作）

### 3.按植物类型分类

树桩盆景按植物的特点及盆景界的约定俗成分类，大致可分为松柏类、杂木类、花果类（观花类与观果类植物的合称）、竹草类盆景等几种类型。由于后几种植物类型多有交叉，也有将其分为松柏类植物和杂木类植物两大类型的盆景。

**松柏类盆景** 松柏，是松与柏两种类型植物的合称，在植物分类学中属于松柏纲、松柏目。具有树姿雄伟、四季常青、凌霜傲雪、寒暑不改容、寿命长等特点，是坚贞的象征，人们常用“苍松翠柏”来比喻有高贵品质、坚定节操的人。

松科（Pinaceae）植物有10属230余种，松属（*Pinus*）植物约有80个原生种。用于制作盆景的松树多指松属的一些种、变种及其园艺种，这些松树要求树干苍老、嶙峋古朴、枝叶紧凑、松针短而密实，经过塑形，能够以小见大，表现出大自然中古松的神采。像黑松及其变种锦松，赤松，五针松及其变种大阪松，马尾松，白皮松，黄山松，华山松，油松，云南松，樟子松等。此外，松科金钱松属的金钱松，雪松属的雪松，云杉属的云杉、虾夷松等也用于制作盆景。

黑松盆景（李瑞峰 作）

锦松盆景——展秀（上海植物园）

赤松盆景——
翠色天涯（石景涛　作）

五针松盆景——松林耸秀（林华开　作）

马尾松盆景——岭南松韵（何焯光　作）

大阪松盆景——情系松影（孟广陵　作）

黄山松盆景——追风（东方艺术盆景园）

雪松盆景——高风亮节（陈明法　作）

金钱松盆景——小溪幽幽（夏建元　作）

虾夷松盆景——深山对弈（邓文祥　作）

柏，是对柏科（Cupressaceae）植物的统称，其植株呈常绿乔木或灌木状，枝叶紧密，有浓郁的芳香。作为盆景树种的柏树主要有侧柏，圆柏及其变种真柏、龙柏。此外，还有石化桧，地柏及其变种珍珠柏（也称日本珍珠柏或新西兰珍珠柏），高山柏，天山圆柏，垂枝柏，翠蓝柏，刺柏，璎珞柏，杜松，线柏等种类。

侧柏盆景——太行风云（齐胜利　作）

龙柏盆景（河南省中州盆景学会　作）

真柏盆景——正气风云（容园　作）

石化桧盆景（胡建平　作）

璎珞柏盆景——外婆门前柳（王如生　作）

高山柏盆景——力挽狂澜（马光文　作）

新西兰柏——奔云（梁玉庆　作）

地柏盆景——行云（张坦坦　作）

翠蓝柏盆景（钱新建　作）

刺柏盆景——雄风（吴国耀　作）

除松和柏外，杉科水松属的水松、红豆杉科的伽罗木、罗汉松科罗汉松属的罗汉松等常绿植物亦常归为松柏类植物。

枷罗木盆景——追月（张小宝　作）

雀舌罗汉松——气贯云霄（陈正鹏　作）

水松盆景——迎来春色换人间（叶锦囊　作）

松柏类植物几乎涵盖了所有的盆景造型，像直干式、斜干式、临水式、双干式、一本多干、丛林式、悬崖式、树石式、文人树、怪异式、树石盆景等，不论什么样的造型都要以大自然中的苍松翠柏为蓝本，参考画中的松柏，使其既符合自然规律，又有较高的艺术性。根据具体树桩的特点，融入个人的理解和审美情趣，制作出风格独特的盆景。

一般认为松柏类盆景最理想的造型时间是冬季的休眠期至春季的萌芽前，这时树液流动缓慢，枝条的伤口处基本无松脂溢出，对植株的生长影响不大。实践证明，在气候温和的地区，松树盆景的造型一年四季都可进行；而在冬季寒冷的地区，如果没有完善的保温措施，就不要在冬季进行造型。如果对枝干进行大的造型，当年就不要翻盆动根，即“动上（枝干）不动下（根部）”。

舍利干和神枝是松柏类盆景造型的主要特点，制作难度较高。制作者必须具有丰富的盆景知识，熟悉不同种类、品种松柏树习性和形态特征，能够熟练地使用电动和手动工具，这样对舍利干、神枝的雕刻、拉丝技艺才能随心所欲地实施。制作时对舍利干、神枝的位置要仔细考虑，数量不要过多，否则有画蛇添足之嫌，而且看上去千疮百孔、白骨森森，少有美感。

黑松盆景——雄（邬国荣　作）

真柏盆景——图腾（吴乃臻　作）

大阪松盆景——松林曲（夏建元　作）

高山柏盆景——飞天（李华龙　作）

**杂木类盆景** 花果类和松柏类之外的盆景植物都可以称为杂木类，还有一些植物的花、果虽然有着较高的观赏价值，但作为盆景树种，却不是以花、果取胜，而是以独特的姿态赢得人们的喜爱，这些树种也可归为杂木类。像岭南派常用的红果仔、三角梅，在展览前常摘去叶子，其爪枝刚健苍劲，极富阳刚之美。杂木树种与观花、观果等类型的树种的界限并不是那么明显，有不少树种既可划归花果类，也可划归杂木类。因此，广义上说，松柏类盆景以外的盆景都可归为杂木类盆景。

红果仔盆景——紫袍玉带舞春风（黄就成　作）

我国幅员辽阔，植物资源丰富，各地都有不少极具地方特色的乡土树种，这些乡土树种都是很好的盆景素材，像河南的柽柳、岭南派中的九里香、福建的榕树、湖北的对节白蜡、海南的博兰（也称博楠，分类学上的正式名称为海南留萼木）、香楠（也称香兰、海南香兰，正式名称为凹叶女贞）、云南的清香木和铁马鞭等杂木树种，都在盆景界有着较高的知名度。还有一些“藏在大山人未知”的乡土树种，其真正的学名也鲜为人知，一旦挖掘出来则是很好的盆景素材，比如河南省信阳地区出产的一种在当地俗称为“响铃木”（也称野木瓜，后经有关专家辨认，正式名称为银缕梅）的树种等。此外，一些园林绿化植物，经盆景工作者加工造型后，就是很好的盆景作品，比如桃金娘科的千层金、卫矛科的大叶黄杨等。总之，杂木盆景贵在“杂”，贵在多样性，只要勤于观察，善于发现，就能够找到更多的杂木盆景树种。

博兰盆景——龙行天下（钟辉　作）

柽柳盆景——绿荫深处有人家（马建新　作）

三角枫盆景——梦（周修机　作）

大叶黄杨盆景（杨自强　作）

黄杨盆景——共沐春风（李运平　作）

榕树盆景——听涛（陈宗正　作）

三叶赤楠盆景——赣江雄风（王忠发　作）

雀梅盆景——

飞舞（梁有泰　作）

对节白蜡盆景——蓦然回首（刘永辉　作）

水杨梅盆景——
会当凌绝顶（平志民　作）

黄荆盆景——岁月永恒（马建新　作）

朴树盆景——岁月艰辛情愈浓（黄就明　作）

榆树盆景——樵夫之作（张先觉　作）

黄栌盆景——秋韵（马建新　作）

九里香盆景——香飘两岸（陈永锋　作）

小叶女贞盆景（边长武　作）

杂木类盆景以“杂”取胜，其造型十分丰富，可根据植物的物种特点、树桩的形态，采用多种技法，对其根、干、枝进行加工造型，制作不同款式的盆景，以表现大自然中的树木之美。

对于紫藤、凌霄、金银花、何首乌、地锦、葡萄、常春藤等杂木中的藤本植物，因其茎干较长，可通过短截、修剪等方法，选取植株下部形态佳者，隐去藤本植物的自身特性，模仿大自然中的古木姿态。在枝条的造型中，可适当保留藤本植物的特性，使之攀缘在枯木或“棚架”上；也可令其下垂，使作品自然飘逸，富有动感。

地锦盆景（王小军　作）

把酒话桑麻（刘敬宏　作）

**花果类盆景** 花果类盆景是对以花、果为观赏主体的盆景的统称。通常人们对制作盆景素材要求是树干苍古，叶片细小而稠密。而观花、观果盆景则要求花、果不大，但稠密，量大，如此才能“以小见大”，表现出大树繁花似锦、果实累累的风采，像梅花、迎春花、蜡梅、海棠以及小石榴、枸杞、火棘、平枝栒子、金弹子、老鸦柿等。但艺术是允许夸张的，盆景艺术也是这样，因此那些月季、山茶，以及梨、苹果、柑橘等花大、果大的植物就堂而皇之地走进盆景的殿堂。其花的绚丽、果的丰硕与盆景的造型艺术融于一体，有着自然与艺术的双重之美，是盆景大家族中不可或缺的组成部分。

花果类盆景的植物素材较为丰富，可根据植物特性和树桩形态特点制作直干式、斜干式、卧干式、丛林式、悬崖式等多种造型的盆景。一般来讲，叶大、花大、果大的植物，像苹果、梨、橘子、月季等树冠以自然式为主，而叶、花与果都较小的植物，像平枝栒子、火棘、微型月季、微型石榴等，树冠也可加工成云片状造型。无论什么样的造型，都要彰显出花的绚丽或果的丰美。

月季盆景——艳（郑州植物园）

紫藤盆景——紫气东来（范鹤鸣　作）

杜鹃花盆景（铃木浩之　提供）

蜡梅盆景（郑州植物园）

栒子盆景——停车坐爱枫林晚（徐宁　作　刘少红　提供）

老鸦柿盆景——秋艳（刘传富　作）

红啤梨盆景（杨自强　作）

苹果盆景——古木苹踪（李彦民、查新生　作）

冬红果盆景——花期（杨自强　作）

冬红果盆景——果期（杨自强　作）

山楂盆景（朱金水　作）

白刺花盆景——野岭春色（王伟成　收藏）

**竹草类盆景** 竹草类盆景是以竹子、草本植物为主要材料的盆景。常用的植物有各种竹子以及兰花、关节酢浆草、小红枫酢浆草、菖蒲、庭菖蒲、秋海棠、菊花、虎耳草、姬麦冬、网纹草、天门冬以及各种山野草等。

竹草类盆景形式大致可分为以模仿植物景观、山野小景的自然型，模仿国画之画意、表现文人情趣的文人型（也称画意型）两种类型。前者对植物要求不是那么严格（时下流行的山野草就属于这种类型），后者多用竹子、兰花、菖蒲等具有中国传统文化底蕴、国画中常见的植物。

姬翠竹（金发草）盆景——竹韵（兑宝峰 作）

菊花盆景组合（张燊 提供）

草本植物形态差异很大，其盆景造型也要根据不同的特点进行。

对于兰花、姬麦冬、石菖蒲、庭菖蒲、南美天胡荽（铜钱草）等无明显主茎的草本植物，可模仿国画中的兰石图等造型，选择大小适宜的盆器，将植物栽种一侧，旁边点石，或将植物直接植于赏石、枯木之上，以表现其清雅自然的特色。上盆时不必对植物做过多的修饰，但可摘去枯干、发黄以及过多和杂乱的叶子，并在盆面铺青苔，使之洁净美观、清新自然。

对于小红枫酢浆草、网纹草、秋海棠、辣椒以及各种观赏竹子等具有明显的茎、干、分枝的草本植物，可参考木本植物的造型，制作丛林式、悬崖式、直干式、斜干式、双干式等多种造型的盆景。由于这类植物茎枝较脆，一般不作蟠扎，可通过改变种植角度，利用植物的趋光性等方法，并通过适当的修剪、牵引等方法，使之达到理想的效果。

对于关节酢浆草等以古雅多姿的地下块茎取胜的草本植物，上盆时可将块根露出土面，萌发新叶后适当整形，使老茎绿叶相映成趣，以表现生命的顽强。

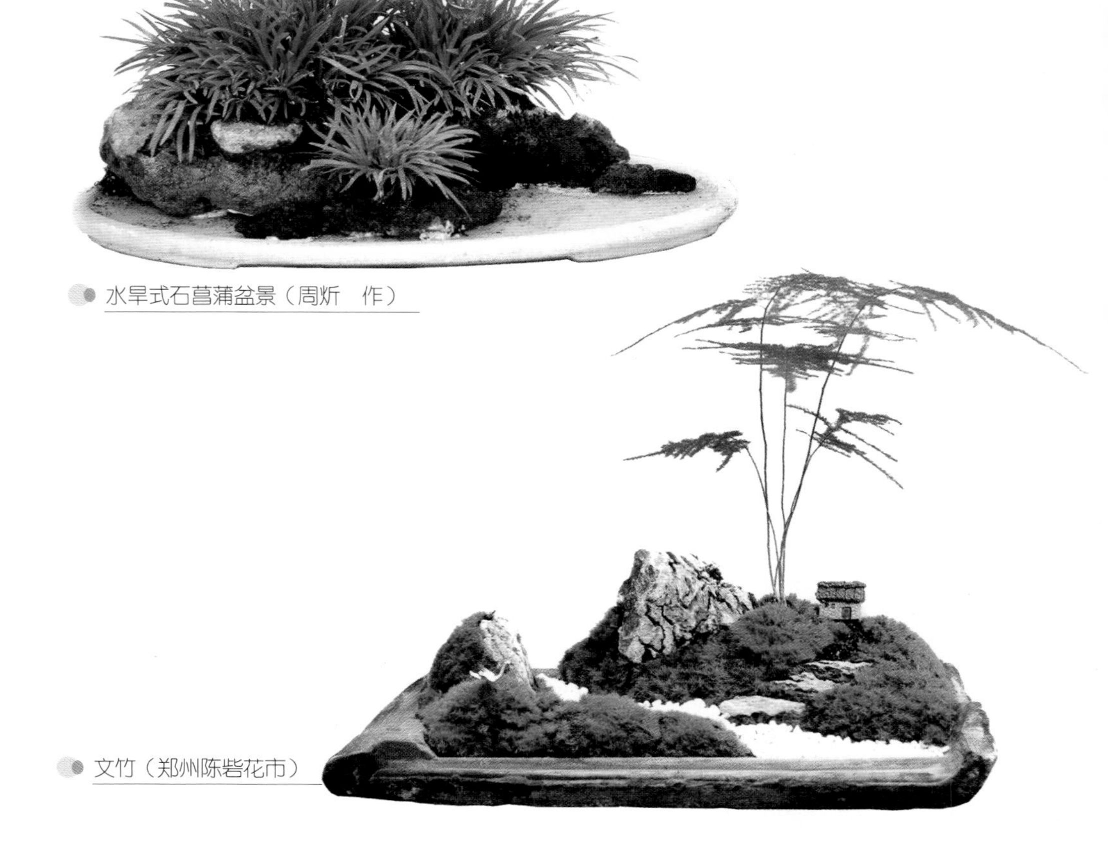

水旱式石菖蒲盆景（周炘　作）

文竹（郑州陈砦花市）

关节酢浆草（兑宝峰　作）

德国鸢尾（兑宝峰　作）

小红枫酢浆草盆景——
秋韵（兑宝峰　作）

黑麦冬（兑宝峰　作）

竹草类盆景中使用的植物还包括多肉植物，其种类繁多，形态奇特而富有趣味，盆景形式丰富多彩，并具有繁殖容易、成型快、耐干旱、养护简单等优点。

多肉植物盆景的造型可根据种类的特性，制作丛林式、直干式、斜干式、临水式、悬崖式、文人树等多种形式的盆景。像小人之祭等叶片优美奇特，但枝干纤细，造型时可考虑通过修剪的方法，剪去过多的叶子，使其疏朗明快，枝干与叶片比例协调。这类植物萌发力强，但其枝条较脆，很容易折断，造型方法应以修剪为主，蟠扎、牵拉为辅，使之和谐自然；牵拉时应让植株干旱几天，待枝条较为柔软时再进行，以免折断。

筒叶菊（张国军　作）

小人祭盆景——逍遥（兑宝峰　作）

球松盆景（兑宝峰　作）

筒叶麒麟盆景（兑宝峰　作）

马齿苋树盆景——金枝（谭广颐　作）

沙漠玫瑰（施敏　作　王文鹏　提供）

## 4.其他类型

除了上述分类方法外，人们往往还将一些有共同特点的树桩盆景独立归为一类，如附木盆景、象形盆景、立式盆景、小品盆景等。

**附木盆景**　附木式盆景也称贴木式盆景、伪装式盆景，是将枝干较为细弱的植物攀附在形态古雅沧桑的木桩上，使二者融合，以增加观赏性。该种盆景造型主要用常春藤、菊花、枸杞等藤本植物或草本植物。此外，还可在柏树、罗汉松或其他植物的老桩内嵌入一至二年生植物的枝条，经过培养造型，使二者融为一体，以达到快速定型的目的。

制作时先选择形态优美的树桩，在其背面或其他适宜的位置纵刻一沟槽，将要附的植物（既可选用同一种类的植物，也可选择不同种类的植物）嵌入沟槽，并用布条等物缠裹，以免脱落。等养护一段时间后，所附植物枝干增粗，紧紧地镶嵌在沟槽内时，即可解除缠裹的布条等物。其具体时间应根据所附植物的种类和长势而定，像菊花等草本植物生长较快，当年秋季就可解除缠绕物，而一些生长缓慢的植物则需2~3年或更久才能解除缠绕物。养护时，要注意对所附的植物进行造型，或蟠扎或修剪，使之层次分明，以增加表现力。

将侧柏幼株的枝条嵌入侧柏老桩的沟槽内

菊花盆景——悠然见南山（王小军　作）



**象形盆景**　象形盆景主要模仿动物、人物或其他物品的形态，它既有植物之形，又有动物之神、人物之态，奇特而有趣。制作时应根据树种、桩材的不同进行造型，使之形神兼备。不能太像，否则有媚俗之感；也不能不像，以免有欺世之嫌；最好能在“似与不似”之间，以植物的形态塑造出各种不同的动物神态，达到“既源于自然，又高于自然”的艺术效果。

在制作象形盆景时，对于生长速度较快的刺柏、六月雪等树种，其幼树就应该用蟠扎、修剪的方法使之成形。但对于大多数树种，特别是杂木类树种，则要选取形状合适的树桩，去掉多余的枝干、根，经“养坯”成活后，再用修剪、蟠扎、牵拉等方法对枝条进行造型，使之显现出动物的形态。此外，两种方法还可结合使用。

三角枫盆景——枫林鹿鸣（李刚　作）

金弹子盆景——笑面人生（左世新　作）

榕树盆景——凤舞（蔡英杰　作）

黄荆盆景——玉兔

榕树盆景——飘逸（洪志愿　作）

金弹子盆景——垂钓（左世新　作）

榆树盆景——中国龙（陈昌　作）

马尾松盆景——呦呦鹿鸣（陈昌　作）

**立式盆景** 立式盆景也称立屏式盆景，就是把浅口盆或石板等竖立起来，放在特制的几架上，并在上面栽种树木花草，粘贴山石，最后再题名、落款，加盖印章，使之成为有生命力的“国画”。

制作时要精心构思，仔细推敲，并参考国画的一些表现手法，使制作的盆景具有诗情画意。根据摆放环境、地点的差异，选择不同规格的白色大理石浅口盆或石板、塑料板以及大小与之相配的植物。对植物的品种要求不严，但要求植株矮小，叶片细小稠密，枝条柔软，易于蟠扎造型，萌发力强，耐修剪，根系发达，耐移栽的品种，如雀梅、六月雪、榕树、榔榆等。先根据立意进行初步造型，造型宜简练，并注意突出观赏面。

制作好的盆景应配上几架。几架多以树根、石头制成，大小与盆景和谐统一，风格古朴自然，款式优美。盆景与几架应互相衬托，相得益彰，并具有较好的稳定性，盆景放上去后要立得稳妥，不倒不歪。

雁山奇峰凌云飞（屠福观 作）

近年来还有人推陈出新，创作出另一种形式的立式盆景，不用传统的大理石花盆，将观赏面处理成粗糙的石头质感或做成砖墙、石墙纹理，甚至直接用石作观赏面。植物则从墙或石的缝隙中长出，盘根错节的根系则牢牢地“抓”住墙面，表现出植物生命力之顽强，古朴粗犷，观之令人震撼。以此还演绎出屏风式、壁挂式等多种立式盆景的变型。

侧面

榕树盆景——生存（韩学年　作）

不尽长江滚滚来（马长华　作）

朴树盆景——志腾九霄（梁振华　作）

水杨梅盆景——奔月（刘二毛　作）

**小品盆景**　小品盆景是小型盆景、微型盆景及山野草组合的总称，具有精致自然等特点，在小小的空间内就能营造出大自然的无限美景，有“掌上大自然”“小空间，大自然”之美誉。

小品盆景大致可分为小微盆景和山野草组合两种类型。

小微盆景也称微小盆景，是对小型盆景和微型盆景的合称，其体量虽不大，但内涵却一点儿也不小，大中型盆景能表现的意境，小品盆景一样可以，像直干式、斜干式、悬崖式、临水式、丛林式、树石式等这些造型在小品盆景中都能表现出来。其制作方法与大中型盆景基本相似。



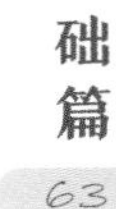

微小组合——老当益壮（束存一　作）

微小组合——韵涵图（陈汉培　作）

说到小微盆景，就不能不提到“矮霸”这个树桩盆景专用词。所谓“矮霸”，也称小老树，是指那些植株虽然低矮，但形态苍古老道，能够以小见大，显示出岁月的沉淀的桩材。这是制作小微盆景的上等材料。

米叶冬青盆景——古树逢春（李云龙　作）

小微盆景，平时可将小花盆埋在沙床或其他较大的盆器内养护，这样可以避免因花盆过小，水分蒸发过快，造成枝叶干枯或导致植株死亡。等参展或拍照、观赏摆放时再将其从沙床中取出，洗去盆上的泥沙，在盆面铺上青苔，并适当整形，点缀奇石或其他盆景配件，然后摆放在小几架或者博古架上观赏。等展览结束或者花谢后再放回原处养护，使其恢复生机。

在沙床内养护的小微盆景

山野草盆景是小品盆景的一个重要组成部分。山野草，也称饰草，是指一些富有野趣的装饰性草本植物，可用于搭配各种盆栽、盆景、雅石、文玩等，也可引申为其他装饰性植物的统称。在盆景展览中，为了提升展示效果，增强装饰趣味性，常用山野草作配景，将其放在主树下面（在日本，山野草又称“下草”，即树下之草），来展示盆景所要表达的自然风情和山野逸趣。可以作为山野草的植物很多，一般选择草本植物，也可采用多肉植物、蕨类植物、苔藓、水草、藤本植物，甚至一些木本植物的小苗都可使用。总之，只要能够展现天然野趣，具有一定景观效果的，能够在小盆中正常生长的植物，都可划归山野草的范畴。山野草正是当代人追求自然、崇尚自然的体现。

碣石临风（邓文祥　作）

全国（上海）第三届山野草及小微盆景展一角

山野草虽然追求的是野趣，但也要“野”得有度，切不可杂乱无章，否则作品必将是泛自然化，而不是艺术品。可根据植物的特点和习性，扬长避短，对植物进行适当的修饰整形，剔除凌乱的部分，使之“野”而不乱，利用植物的自然美、盆器的艺术美，以简洁扼要的布局，使之虽小但不失艺术的完整性。此外，可根据需要在盆面铺青苔、点缀奇石，以增加自然和谐的韵味，还可与一些瓷质或陶质的工艺品、观赏石组合搭配，营造出古雅自然、意境悠远的氛围。

在小品盆景中，还有一种文玩盆景（也称文人盆景、文趣盆景），其特点是突出“文人雅趣”，所选用的植物以竹、兰、石菖蒲（也可用文竹、旱伞草、天门冬、南天竹、吊兰、麦冬等类似竹子或类似兰叶的植物替代）等具有中国传统文化底蕴的植物为主，盆器则要质朴典雅，整体布局也要简洁明了，以“韵”取胜，意境为先，犹如国画中的小品，寥寥几笔，就能勾画出清新淡雅的韵味。

血茅（马景洲　作）

竹韵（韩学年　作　刘少红　提供）

兰花盆景（王小军　作）

# 素材篇

# 一、材料来源

## （一）山采与养桩

**山采**　山采也称野采、挖桩，是指到山野郊外，采挖那些生长多年、桩头矮小、形态奇特的"小老树"的过程。这些山采的材料经过锯截、修剪，保留有艺术价值的部分，再经过养桩使之成活后就可用于制作盆景了。其挖掘时间应根据不同种类的树木而定，对于大部分植物，尤其是落叶植物，可在冬天落叶后至春季发芽前后进行，此时植物处于休眠期，树液流动缓慢，挖掘移栽及修剪对植物影响不大，有利于植物的成活。有些常绿树种也可在生长季节移栽采挖，此时植物生命力活跃，恢复时间短，新根生长迅速。移栽时将造型不

山石缝隙中生长的雀梅

用镐头将其掘出，注意带土球

仔细审视，看看适合做什么造型（王松岳　提供）

需要的枝干截掉，将过长的枝干短截，但对于那些造型所需要的粗枝一定要保留，如果当时拿不准，可暂时留下，等以后再确定是否存留；过长的根系以及粗大的直根、主根也要短截，但要多保留侧根和须根，以利于成活，并为后期的上盆、造型打下良好的基础。

悬崖式造型（王松岳　提供）

采挖时应注意带土球，如果不带土球应注意做好保鲜保湿工作，可用塑料袋或湿的苔藓、毛巾等物品包裹根部，以保证成活。

山采需要注意遵守国家的法规，不可采集、贩卖受保护的珍稀植物。同时，采后的桩位应做适当处理，以免造成水土流失。

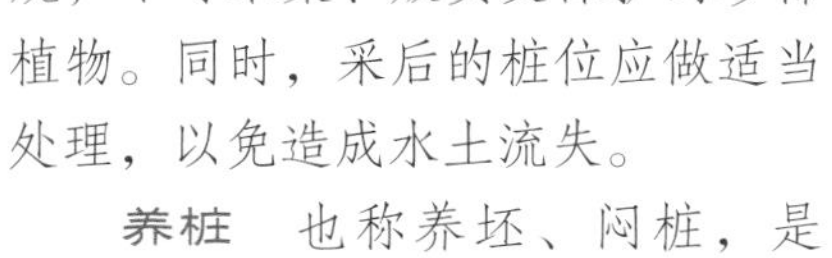

**养桩**　也称养坯、闷桩，是指将山采而来或者其他来源的树桩进行初步修剪整形后，栽在大的盆器内或地栽，以促进根系的恢复，提高成活率。对于采挖时间过长、失水严重的桩子，可在清水中浸泡一段时间（具体时间根据树种而定），但金雀、榆树等具有肉质根的树种以及多肉植物千万不可浸泡，否则会发生腐烂死亡。栽种前注意对伤口的处理，大的伤口要平整光滑，并涂抹白乳胶、红霉素药膏或植物伤

地栽养桩的石榴

大木箱内养桩的黄杨

口愈合剂等，以避免水分散失，并灭菌消毒，防止因腐烂感染而影响成活。养桩所用的土要求疏松透气，不必含有太多的养分，以清素为佳，以利于根系的恢复和新根的生长。栽种时注意角度的选择，或直或斜，或悬或平，有些直桩子平淡无奇，斜栽后则显得动势十足，有化腐朽为神奇之功效。对于特殊形态的桩材更要认真从不同角度观察，以发掘优点，弥补不足，制作出一树一格，独具特色的作品。被认为是盆景中大忌的交叉枝、平行枝、重叠枝等枝条，直而无姿的大直干、直枝，如果处理得巧妙，一样能出彩。

为了保持湿度，可在枝干上覆盖苔藓等

栽后浇透定根水，并在枝干上覆盖苔藓、毡子、毛巾等，予以保湿。如果是冬季或早春挖掘的桩子应罩上塑料袋或将树桩放在小温棚内养护，以营造温暖湿润的局部小环境，有利于成活。此后还应注意观察，缺水时及时补充水分，避免干旱。植株抽枝后，逐步打开塑料袋或剪几个小洞，以便通风炼苗；以后逐渐扩大通风口，等到树桩适应外界环境后再将塑料袋全部去掉，进行正常的管理。切不可一次全部撤掉塑料袋，否则因环境突然改变容易造成“回芽（即已经萌发的新芽枯死）”，严重时甚至造成树桩死亡。

养桩时还要避免“假活”现象发生。所谓“假活”，是指树木依靠自身贮藏的养分，发芽抽枝展叶，而此时其根系并未萌发，吸收不到水分和养分，等植物自身贮藏的养分消耗完后，其枝叶萎蔫干枯，桩子死亡。那么，怎么才能避免“假活”现象的发生呢？

首先，选桩时尽量别选病弱桩和根部截面大的桩，这样的桩因其根部截面较大而难以完全愈合；即便不出现假活的现象，也难以持久，往往在成型之日便是其身退之时，有人称这种现象为“隐形假活”。那些木质相对疏松和皮层较薄的树种更容易出现“隐形假活”现象。

在养护上要谨记“干发根，湿发芽，不干不湿壮根又壮芽”的谚语。可以通过套袋、遮阴、向树干喷雾等方法促进桩子发芽。我们知道，树桩成活的前提是发根，若没发根，芽发得再多也没用，最后都会出现假活，只是假活持续的时间长短而已。因此，发芽后应逐渐增加光照和通风量，以减少小环境的空气湿度和盆土湿度，促进发根。

养坯的头一年可酌情施一些腐熟的稀薄液肥，液肥宜淡。以后应加强水肥管理，但不作任何造型，任其生长，以促使枝干发粗。对于造型不需要的枝条则可从基部剪除，以集中养分，供应所保留的枝条。需要保留的枝条则不要短截，以使之尽快增粗（俗称“拔条”）；等长到合适的粗度时，再从需要的位置短截；短截后剪口附近会有新芽萌发，从中选一个位置合适且健壮的芽继续培养，并抹去其他的芽，等该枝条长到合适的粗度时再进行短截。如此反复，可培养出自然曲折、顿挫刚健的枝盘。

## （二）人工繁育

多用于草本植物、多肉植物，以及某些种类的松树、柏树和观花、观果植物中的一些园艺种，像月季、苹果、梨等，其具有不破坏生态环境、一次繁殖可以得到大量素材等优点，但也有生长缓慢、盆景成型时间长、桩材形态千篇一律、姿态佳者稀少等不足。这些不足可以通过后期的造型技法弥补，只不过需要较长的时间。

可根据植物的种类以及具体环境，采用播种、分株、扦插、压条、嫁接等方法进行繁殖。

**播种** 这是自然界大部分植物，尤其是高等植物的主要繁殖方法。特点是一次可以得到大量的苗，但幼苗生长速度较慢，而且树干直而无姿，形态也千篇一律。因此，在制作盆景时可采用修剪、蟠扎等技法来改善形态。

大部分植物的种子在秋季成熟（也有一些植物的种子是在其他季节成熟），采集后除去果壳、果肉等杂质，用湿润的沙子拌匀进行沙藏，置于冷凉之处，等翌年春天播种。当然，也有一些植物可在种子成熟后随采随播。

**分株** 就是将丛生的植物从根部分开，分别栽种，使其成为新的植株。此法可得到形态较大、较好的植株，但繁殖数量有限，一次不能得到较多的材料。多结合春季或生长季节翻盆时进行。

**扦插** 有枝插（包括软枝扦插和硬枝扦插）、根插等方法，某些种类的多肉植物还可叶插繁殖。

**枝插：**可用于多种植物。以石榴为例，方法如下。

硬枝扦插在春季结合修剪进行，也可冬季采条，湿沙贮藏到春季扦插。插穗可剪取生长发育良好、无病虫害、树冠向阳面的一年生或二年生枝条，每段长10～15厘米、含3～4节芽，剪口应呈马蹄形斜面，插于苗床或花盆中，插穗插入土中1/3～1/2；插后将土压实，浇透水，以后保持土壤湿润，但不要积水。30天左右可生根，翌年春季移栽。

软枝扦插在夏、秋季节进行，剪取已木质化、生长健壮的当年生嫩枝做插穗，剪成5～10厘米长一段，插穗上端留2～3片小叶，剪去下部叶片。插入土中2/3，插后浇透水，注意遮光，以避免烈日暴晒，经常向叶面喷水，在

18～33℃的环境中，20～30天可生根。待新枝长高到5厘米时，逐渐撤去遮阴网，增加光照，进入正常管理。

此外，还有一种“全光照喷雾扦插”，在植物的生长季节，剪取健康充实的枝条做插穗，插于排水透气性良好的介质中，插后不遮阴，但要利用专业的喷雾装置不间断地向插床喷水，以确保空气、土壤湿润。这样很容易生根成活。



对于榕树、石榴、柽柳等容易生根的植物，还可选择形态佳的老枝干，剪下后用生根药物处理，成活后上盆，即成为遒劲多姿的微型盆景。

**根插：** 对于某些种类植物，取其健壮充实的根，剪成数段，其上口要平，下口要斜，然后埋入土中或沙中，使其生根、发芽，长成新的植株。

**压条** 主要用于那些扦插难以生根的植物的繁殖，压条可以在春季以及生长季节进行。从植株根部萌发的根蘖枝条中，选择生长健壮充实的枝条，进行环状剥皮处理（这样才能促进生根），然后将枝条压入土壤中，注意保湿，第二年春季枝条与母株分离，另行栽种。还可用高空压条，方法是在植株的枝干上环剥后套装有湿土的竹筒或塑料筒、塑料袋，使枝条在湿润的环境中生根。还可选择一些形态好的粗枝，进行高空压条，生根成活后，上盆即成为优美精致的微型盆景。

高空压条

**嫁接** 主要用于珍贵品种或扦插、压条难以生根的植物，比如蜡梅、梨、梅花、苹果以及部分松柏等。其砧木应选择长势强健、适应能力强，矮化能力好，与接穗有着良好亲和力的苗木。像嫁接冬红果用山荆子，嫁接五针松或其他较为珍贵的松树品种则用黑松作砧木，而大叶罗汉松则可用于嫁接小叶罗汉松或珍珠罗汉松。

嫁接是植物的繁殖方法，也是盆景的造型方法之一。像在枝干粗壮、根系发达、叶大花大果大的大石榴上嫁接叶片和花果都较小的小型观赏石榴，以加大树桩与植物的叶、花、果之间的对比反差，使之以小见大，表现其古木参天的气势。用生长多年、形态古雅的侧柏、桧柏等作砧木，真柏枝条作接穗，进行嫁接，以改良品种。对于榕树、柏树、松树等还可在缺枝的部位以嫁接的方法进行补枝，缺根的部位补根；对于月季花、杜鹃花、山茶花、梅花等观花植物，还可在同一个植株上嫁接不同花型、花色的品种，以增加观赏性。

榕树盆景——古榕美髯（黄丰收　作）

石榴盆景——梦回童年（梁凤楼　作）

梅花盆景——争春（郑州市碧沙岗公园）

嫁接的方法主要有劈接、靠接、芽接、枝接、根接等，在盆景造型中劈接、靠接和芽接最为常用。大戟科的某些多肉植物还可用平接嫁接。

**劈接：**俗称“苦接”，适用于较粗的砧木。将接穗处理成8~10厘米长，带2~3个芽，下部削呈楔形，备用。将砧木短截，并将伤口削的平滑，以利于以后的愈合，然后从顶部劈开，用刀背将劈缝撬开，将接穗插入，使接穗与砧木的形成层对齐，最后用2~3厘米宽的塑料带从接缝下端扎起，使二者结合紧密。

**靠接：**不必把用作接穗的枝条从母本上剪下，而是将其带盆放在砧木旁边合适的位置，将接枝与砧木各削除一部分，再把二者被削的部分靠紧，用塑料带扎紧，使二者结合紧密，成活后将接穗靠接部分以下剪去。该法多用于木质坚硬，且其他嫁接方法不易成活的植物。

以侧柏老桩作砧木，真柏幼苗作接穗，进行靠接

侧柏与真柏接口融合

**芽接：**俗称“热粘皮”，多用于月季、蜡梅等植物。根据其形式的不同，大致可分为芽片接、哨接、管芽接和芽眼接等方法，其中芽片接最为常用。一般在生长季节进行，尤以7~8月成活率最高。具体步骤如下：①剪取生长健壮充实的枝条作接穗。②将接穗剪到适宜的长度，并剪掉叶子，以利于后面的操作。③~⑤先在芽眼的上方0.5厘米左右横切一刀，深及木质层；接着再在其下方1厘米左右下刀纵切，取下带有芽眼的树皮备用。⑥~⑨在砧木上切一“T”形口，将接穗插入后，再用塑料带将嫁接的部位绑扎，使砧木与接穗结合牢固，有利于成活。⑩、⑪10~15天后，接穗上的新芽饱满，残留的叶柄干枯，一触即掉即表示嫁接成功。⑫砧木上的口子还可切成椭圆形或其他形状。

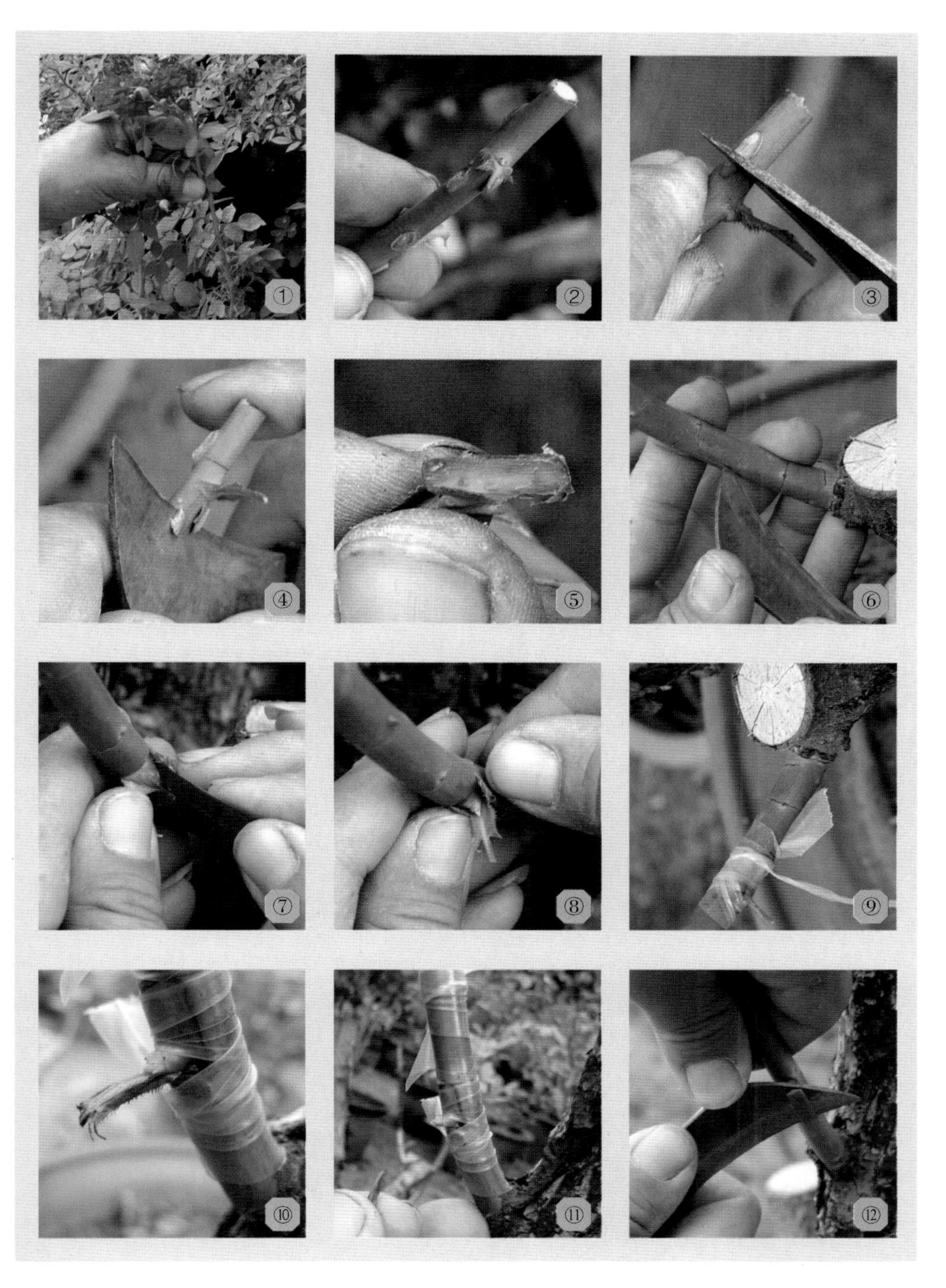


芽接步骤

### （三）购买

购买也是获得盆景素材的重要途径。在花市经常能看到小榔榆、黄杨、福建茶、榕树等盆景，由于这些盆景是批量生产的，造型千篇一律，缺乏个性，买回家后可通过换盆、改型等手法，使之成为姿态万千的艺术作品。此外，还可到苗圃、花卉生产基地等处购买所需要的植物材料。

我国不少地区，在冬春季节，都有农民出售自己培育或挖掘的树桩，可选择形态适合的制作盆景；一些盆景展中也常常开辟销售区，出售各种盆景素材。在网上也有出售微型盆景材料的网站或网店，可到淘宝或一些专业盆景网站购买。

那么，应该如何选购桩材呢？

一是不贪大，桩材不是越大越好，而是看是否有培养前途。有些大的桩材并不适合做盆景，一些形态好的中小型桩材照样能做出精品盆景。此外，大桩材不仅价格高，还难以培养一级、二级枝条。二是不贪多，桩材并不是以数量取胜，买10棵便宜而没有培养前途的桩材，不如用同样的价格买1棵精品桩材。三是不贪怪，怪桩固然稀少奇特，但不是每个怪桩都适合作盆景。与其购买那些白白浪费时间和精力还难以成景的桩材，还不如买个形态自然、分枝合理、日后能成景的桩材。

好的桩材，要求根脚基粗壮，有牢牢抓住泥土的大根；枝干布局位置合理恰当，根基、主干、主枝、侧枝，从粗到细过渡自然流畅，无忽粗忽细的枝干，也无大的疙瘩。

树种与环境问题也不容忽视，如热带、亚热带植物耐寒性较差，低温就会受冻，而温带落叶植物，冬天需要低温落叶休眠。还有一些树种，因气候、土壤、水质等多种因素，只有在一定的区域内生长良好，而一旦离开该区域，就长势不良。当然也有一些树种习性强健，在大多数地方都能正常生长，像榆树、朴树等。购买桩材季节以冬末初春最好。冬季天寒桩材难以发根，夏季酷热又容易脱水，都不宜去购买树桩。

树龄，即桩材的年龄、盆龄，就是桩材在花盆中培育的年龄。无论是树龄还是盆龄都不是越老越久就越好。因此，买桩材应以形好为上，树龄、盆龄可供参考。

## 二、植物选择

用于制作盆景的植物要求植株矮小，形态古朴苍老，叶片细小而稠密，如此才能以小见大，表现大自然中老树的风采。成书于清代嘉庆年间、由五溪苏灵著的《盆景偶录》将盆景植物划分为四大家（金雀、黄杨、迎春花、绒针柏）、七贤（黄山松、璎珞柏、榆、枫、冬青、银杏、雀梅）、十八学士（梅、桃、虎刺、吉庆、枸杞、杜鹃、翠柏、木瓜、蜡梅、南天竹、山茶、罗汉松、西府海棠、凤尾竹、紫薇、石榴、六月雪、栀子花）、花草四雅（兰、菊、水仙、菖蒲）等。其中不少种类现在仍在使用，也有些种类虽然仍作为观赏植物栽培，却已经很少用于盆景的制作，像吉庆（即茄科植物珊瑚豆）、绒针柏等。但却有更多的新发掘和新引进的植物用于盆景的制作。

需要指出的是，盆景界一些植物名称并非正名，而是某些地区的地方名称，甚至是随意起的名字，张冠李戴的现象屡见不鲜，像把春云实叫作两面针，把胡椒木叫作清香木，把白刺花叫作小叶槐、山豆根，把崖豆藤、鸡血藤都称为紫藤，把簕杸叫作红牛，把小果柿叫作小叶紫檀、黑檀，把生长在悬崖峭壁上的侧柏叫作崖柏，等等。

被称为“紫檀”的小果柿（王俞又　作）

被称为“崖柏”的侧柏（齐胜利　作）

# 造型篇

# 一、造型创意与基本类型

## （一）造型创意的源泉

**师法自然** 盆景是大自然精华的浓缩与艺术化再现。因此，制作盆景一定要师法自然，认真观察，仔细琢磨大自然中一些名山大川、旅游景区，注意深山老林、旷野郊外、悬崖陡壁上树木的根、干、枝的布局及走势形态，从中汲取养分，使自己的作品符合自然规律，避免闭门造车使作品生硬、僵化、不自然。唐代画家张璪提出的“外师造化，中得心源”中国美学理论，其中的“造化”指大自然，“心源”指作者的内心感悟，其意思是艺术创作来源于对大自然的效仿，但自然的美并不能够自动成为艺术的美，对于这一转化过程，艺术家个人情愫的融入和构思是不可或缺的。

生长在崖壁上的松树，枝叶自然成片状，层次分明

华山上油松顶部枯死后，自然形成神枝和舍利干

猴面包树枝干层次分明（王文鹏　摄）

生长在崖壁上的白皮松（李德强　摄）

黄山迎客松

**观摩盆景展**　创作盆景，除了观察大自然的树木、山川美景外，还要通过画册、网络等媒体观摩优秀的盆景作品。如果有条件能到一些盆景展的现场观摩是最好不过的，因为这些展览不仅有优秀作品展出，还有高手在现场操作表演。观摩时要认真细致，从多个角度审视，要明白这件作品好在哪里，不足的地方是什么，如果用同样的材料，自己动手会达到什么样的水平。

## （二）造型章法

**表现人文精神** 在制作植物盆景时，不仅要表现该植物的生物特征，更要注重其人文精神，以抒发个人的感情，即“借景抒情”。像松树和柏树就要表现其“坚贞苍健，亘古常青”的特点；竹子则要彰显“清秀典雅，蓬勃向上”的韵味；梅花盆景就要彰显出“坚贞不屈，傲雪绽放”的风骨，即便是垂枝式的也要顿挫刚健、疏朗俊逸，富有阳刚之美，以表现其不畏严寒，敢于抗争的神韵。杂木盆景则要展现大自然中树木的丰富多彩，仿松树就要有松的精神，仿垂柳就要有柳的韵味，将其最美的精华部分提炼出来，艺术化地浓缩于盆钵之中，使植物的自然美与盆景造型的艺术美有机地融为一体。

柽柳盆景——傲立苍穹（马建新　作）

大阪松盆景——拂云擎日（上海植物园）

**适当留白** 留白，是指在艺术创作中，为使整个作品画面、章法更为协调而有意留下的空白，也留下了让人想象的空间。这是一种极具中国美学特征的艺术手法，在国画、书法以及以京剧为代表的中国戏曲中有着广泛的应用。

在盆景创作中，适当的留白会使作品空灵生动。像文人树盆景中的留白，通过合理的布局，大面积的空白后细长的高干就更能展现线条之美，配以寥寥的枝叶，简洁中蕴藏苍劲之力，使得作品刚柔并济，气韵生动。即便是枝叶繁茂的大树型盆景，在其枝叶间也要留下一些气孔，使作品避免僵硬，富有灵气。而在山石盆景、水旱盆景中，则常常用留白的方法表现水域，这与国画中以留白的形式表现云雾、江河，京剧中以马鞭表示马，船桨表示船，桌椅表现山冈、楼台等有着异曲同工之妙。

泊舟远眺（张延信　作）

五针松盆景——风骨（应日朋　作）

对节白蜡盆景——老当益壮（王明好　作）

**处理好自然与艺术关系**　“作画妙在似与不似之间，太似为媚俗，不似为欺世。”这是齐白石老人论述写意与写实的至理名言。对于盆景而言，可以通过对桩材的取舍加工，对干、枝的培育，利用造型技法，将大自然中不同植株的树木，甚至不同种类的树木的优点融合在一棵树上，通过艺术化处理，使之产生直与曲、高与矮、枯与荣、藏与露、点与线、疏与透、聚与散、争与让、远与近等方面的对比，以产生美感，即“如诗如画”。盆景中所表现的树木的这些特点必须是大自然真正存在的（而不是无中生有、闭门造车），只不过是经过了艺术夸张（这个“夸张”是有度的，而不是盲目的、无限的夸张），而且还要符合植物的自然规律，像大多数树木都是干粗枝细，树冠则“下面大上面小”，因此好的盆景作品的树冠一般都处理成馒头形、等边或不等边三角形，以突出树木的这个特点。如果违反自然规律、生搬硬套，其作品必将是“无源之水，无本之木”，难以持久。

博兰盆景——
大风歌（刘传刚　作　王志宏　提供）

**黄金比例分割应用**　黄金分割是指将整体一分为二，较大部分与整体部分的比值等于较小部分与较大部分的比值，这个比值约为0.618。这个比例是被公认为最能引起美感的比例，因此被称为黄金分割或黄金比例。在绘画、雕塑、音乐、建筑工程等多种艺术领域及工程设计方面有着不可或缺的作用。

黄金分割在盆景创作中可用于盆景外形长与宽的比例、盆的长度与盆景高度的比例（此种形式常用于卧干式或连根式等造型的盆景中）、盆长与冠幅的比例（多用于水旱盆景中，以表现景的平远，视野的开阔），以及冠幅与树高的比例、结顶重心的位置、飘枝出枝的位置、不等边三角形树冠长边和短边的比例关系、丛林式盆景中各种树高及树与树之间距离的比例关系等。

需要指出的是，在盆景创作中，黄金分割并不要求严格的数字计算，可将1：0.618简化为3：2、5：3、8：5等。总之，只要是直观感觉协调的比例，都可视为黄金比例。

榔榆盆景——浓荫深处（孟广陵、施爱芳　作）

**树势与取势**　树势，即树木整体的走向。盆景中的树势是指盆景构图或直或斜或下跌的倾向。大致有三种类型：直干的中正之势，不偏不倚，积极向上；斜干的旁斜之势，洒脱飘逸；悬崖的下跌之势，险峻陡峭。

取势，就是通过对素材的观察、分析和判断，确立树势，利用其固有姿态，扬长避短，对盆景的整体构图作出或直或斜或跌的取向。取势一般有以下两种方法。

**顺势法：**即尊崇天意，顺乎树理，因势利导，顺势而为，让向上的欣欣向荣，如直干大树；让旁斜的轻灵洒脱，如斜干、临水等树貌；让下跌的如临深渊，如悬崖树貌。

**逆势法：**即逆树势而为之，欲上先下，欲左先右，欲扬先抑，把向上之势化为旁斜或下跌之势，把向左之势转为向右之势，把向右之势变为向左之势。逆势在运用中可以逆根逆干，也可

古柏新姿沐春风（郭振宪　作）

以逆枝。逆势法师法自然，虽为逆势，实为自然，有着反其道而行之妙。

取势时应注意保持树姿的舒展，枝与干相辅相成，视主题而定，并注意重心的稳定与均衡，不要违反自然规律。表现出“景”的节奏、韵律之美，并融入作者的个人情愫，达到景随我出，随心所欲而又不逾越规矩程式的自由境界（即有规矩的自由活动），使作品风格鲜明。

清香木盆景——只手擎天（王昌　藏品）

妙趣横生（牛得槽　作）

临崖不惧（姚乃恭　作）

## （三）造型的基本类型

树桩盆景造型按制作模式大致可分为规则式和自然式两种；但更常见的是按树的根、干和树冠等不同部位来细分。

规则式是中国盆景的传统形式，要求每个干、枝等必须按照一定的模式制作。常见的形式有六台三托一顶、游龙式、扭旋式、一弯半、两弯半、鞠躬式、方拐式、掉拐式、对拐式、三弯九拐式、大弯垂枝式、滚龙抱柱式、直身加冕式、老妇梳妆式，以及平枝式、屏风式、云片式等。

规则式盆景具有造型严谨、规范等特点，但也存在着形式呆板、千篇一律、人工痕迹过重、失之自然野趣、缺乏植物的物种特性等不足。目前除了作为传统技艺保存外，完完全全的规则式盆景在实际中已经很少单独应用了，但某些技法则在自然式盆景中得到创新使用，像以柽柳、黄荆等杂木树种模仿松树造型就是云片式造型的灵活运用。

柽柳盆景——平步青云（齐胜利　作）

榆树盆景——行云流水（肖其寿　作）

刺柏盆景——三弯九倒拐（赖胜东　作）

自然式盆景造型相对灵活，它师法自然，根据树桩的形态和作者表达的内容对素材进行加工创作，没有那么多条条框框的束缚，具有生动多变、野趣盎然等特点，但如果应用不当，会使得作品显得粗野而杂乱。自然式盆景也不是完全照搬大自然中的树木，而是将大自然中的树木提炼加工，将其最美、最具人文精神的一面表现出来，使之既符合人们的审美情趣，又不失自然趣味。

树桩盆景离不开树，其造型当然也要围绕着树根、树干和树冠这三部分进行。以大自然中具有代表意义的古木老树为蓝本，吸收绘画等艺术的精髓，将其艺术化处理，有机地组合，构成完整的树木形态，以表现大自然中千姿百态的树木神韵。

红果仔盆景——根基深固满目春（仇伯洪　作）

# 二、树根的不同造型

盆景中根的造型主要有提根式、以根代干式、连根式、疙瘩式等。

## （一）提根式

提根式也称露根式，将树木的根部向上提起，侧根裸露在外，盘根错节，古雅奇特，“根”是这类盆景不可缺少的观赏点，即便不是以赏根为目的的盆景，把根露出一部分，也会使得作品稳健大气、苍劲古朴。其形式主要有放射形、扭曲形、斜向形。

放射形以主干基部为中心，根基呈放射状向四周生长、穿插，其状若龙爪，盘根错节，给人以牢固而稳重之感，多用于直干式、大树型等造型的盆景。

榕树盆景——擎起一片蓝天（榕艺园　作）

卫矛盆景——叠翠（杨自强　作）

扭曲形造型其大部分根系顺其自然地裸露在土壤之外，其灵动自然，表现出植物自身生命力的顽强。

朴树盆景——沧桑岁月（熊松荣　作）

榕树盆景——把根留住（蔡宗琪　作）

斜向形的根向一侧倾斜，多用于斜干式、临水式、悬崖式等造型的盆景。

山橘盆景——俯瞰春秋（黄就伟　作）

## （二）以根代干式

枸杞、迎春等蔓生类植物枝条多，且纤细而不粗壮，也没有明显的主干，而其根部却虬曲多姿、古雅清奇。此外，黄荆、水杨梅、月季、蔷薇等树种的有些桩子根部古朴奇特，树干却直而无姿。用这些植物制作盆景时，可以舍弃原来“直而无姿”的树干，用“以根代干”的方法，将其根部从土中提出替代树干。

以根代干式盆景与露根式盆景的区别是：露根式盆景在保留原有树干的基础上提根，使其悬根露爪，根作为观赏体的一部分其形态不作改变；而以根代干式盆景的树干则完全被树根替代，根的观赏形态已不复存在，而是以干的形式出现。

月季盆景（郑州市人民公园）

枸杞盆景——秋韵（吴刚 作）

黄荆盆景——韵（郑州市碧沙岗公园）

## （三）连根式

模仿大自然中的树木因受雷电、飓风和洪水等自然灾害的侵袭，使树干倒卧于地面，日后树干向下生根，枝叶向上生长，形成树冠。有的则是由于树根经雨水冲刷，局部露出土面，在裸露的部位萌芽，长成小树。其形式有过桥式、提篮式等。

连根式盆景除选择形态合适的桩材制作外，还可将萌发力强、容易生根的植物的树干横埋于土壤中，干上的枝条露出土面。很快，干的下面就会生根，经过几年的生长后，枝条长成小树，即成为连根式盆景。培育中应将根逐渐提出土面，以彰显连根式盆景的独特魅力。

黑骨茶（林伟　作　王志宏　提供）

雀梅盆景——廊桥遗梦（刘学武　作）

对节白蜡盆景——桥

此外，榕树盆景气生根入土，根根相连，形成“独木成林”的景观，也可视为连根式盆景的一种形式。

大树底下好乘凉（曾华钧　作）

## （四）疙瘩式

榆树、对节白蜡、朴树、金弹子、蜡梅、黄荆等植物的老根呈不规则块状，疙里疙瘩，形似山峦，有如奇石，上面萌发的枝条经造型后，如同一棵棵小树，其整体造型或像山冈、崖壁上的丛林；或如高山之树、石上之松，奇特而富有野趣。

金弹子盆景——古道遗韵（肖庆伟　作）

榔榆盆景——共享自然（郑永泰　作）

蜡梅盆景——枯木逢春（杨纪章　作）

黄荆盆景——风华蔚然（孟传兴　作）

## 三、树干的不同造型

树干，又名树身（川派盆景把树干造型称为“树身”造型），是指从根颈到第一主枝间的主体部分。树干按形态分有直干式、斜干式、曲干式、卧干式、临水式、悬崖式、劈干式、枯干式等；按数量则有单干式、双干式、丛林式（多干式）等。

## （一）直干式

直干式是乔木树种的基本树型。特点是主干拔地而起，基本呈直立或略有弯曲状，在一定高度上分枝，其树身挺直，有一种顶天立地、直刺云霄的气势，表现了树木雄伟挺拔、巍然屹立的神韵。其形态雄浑大气，给人以奋发向上的艺术感受，观之令人精神振奋。因其主干的直立性不能改变，其造型重点应放在枝的变化上，根据树种、桩材的不同特点，确定分枝的位置、大小、距离、排列方式，并注意根盘的完美与稳健。

直干式盆景可用长方形盆、椭圆形盆、正方形盆以及六角形、八角形等形状的盆器，盆器宜浅不宜深，以彰显视野的开阔，突出树木的挺拔高大。

直干式造型还可与双干式、水旱式、丛林式、文人树等造型的盆景结合，表现大自然景观的丰富多彩。

五针松盆景——忆松年（夏国余　作）

石榴盆景——正气歌（马建新　作）

朴树盆景——览尽春秋（姜军利　作）

三角枫盆景——枫林画意（董平　作）

在岭南派中还有一种木棉型（木棉格）盆景，其也属于直干式盆景的一个类型。其造型模仿木棉（也称英雄树）“顶天立地、阳光伟岸”的特点。主干有单干、双干、多干等形式，枝丛采用对门枝、下跌枝、单层枝、风车枝相结合的方法。整体树形上细下粗，自然流畅，顶部平缓，根部隆起，配以长方形、椭圆形或圆形浅盆，给人以挺拔参天、气贯云霄的英雄气势，富有阳刚之美。

真柏盆景——聚翠（康传健　作）

云头雨脚也是岭南派盆景中的一种形式，一般将其归为直干式造型，其主干上粗下细，类似赏石中的“云头雨脚”型，通常由直根类型的植物采用以根代干的方法造型，此外还可用附石的方法制作此类盆景。

云头雨脚型

## （二）斜干式

树干与盆面呈一定的夹角（一般在45°左右），主干或伸直或略有弯曲。枝条平展，使得树冠重心偏离植物根部。其树形舒展，疏影横斜，飘逸潇洒。整个造型显得险而稳固，体现出树势动静变化平衡的统一艺术效果。

制作斜干式盆景除选用形态适宜的天然桩材外，还可以改变植物的种植角度，将直立的树干斜着栽，使之呈斜干式造型。还可与双干式、水旱式、附石式等多种造型的盆景结合，灵活应用，展现树木之美。

台湾真柏盆景——古曲（康传健　作）

金雀盆景——情深（杨铁　作）

松（张智高　作）

柽柳盆景——黄河之春（姚乃恭　作）

## （三）曲干式

树干自根部至树冠回蟠折曲似游龙状，枝叶或层次分明，或自然潇洒，具有刚柔相济、饶有生趣的韵味，是一种比较夸张的造型形式，很符合“以曲为美”的欣赏习惯。“屈作回蟠势，蜿蜒蛟龙形”是其生动写照。曲干式盆景并不是树木的基本树型，可与直干式、斜干式、悬崖式、临水式等造型的盆景结合应用，以丰富其表现内容。

曲干式盆景由于树干弯曲幅度较大，所以多选二至三年生的幼树加工制作。如果能得到自然弯曲的老桩，就更为理想了。

赤松盆景（古林盆景园）

探幽（张建民　作）

天山圆柏盆景——起舞弄清影（石启业　作）

## （四）卧干式

树干横卧于盆面，如卧龙之势。树冠枝条昂然向上，生机勃勃，而树姿则苍老古雅，野趣十足。其中树干卧于盆面，与土壤接触者称全卧；树干虽横卧生长，但不与土壤接触者称半卧。

卧干式盆景除选取形状适合的天然桩材外，还可通过改变上盆角度等方法，将某些直立生长或倾斜生长，并具有一定弯度的桩材横着栽种，使之呈卧态。卧干式盆景多选用中等深度的长方形或椭圆的盆器。

在岭南派盆景中还有一种“大托根”，可视作卧干式一个类型，其肥硕粗大的主根先是横卧于盆面，然后再奋起向上直立，成为树干，根与干相互融合，奇特而富有趣味。

榕树盆景——金蛇狂舞（魏积泉　作）

三角枫盆景——梦回千年（王健明　作）

对节白蜡盆景——睡美人（徐全刚　作）

侧柏盆景——云海碧涛（高胜山　作）

柏树盆景——闻鸡起舞（应国平　作）

## （五）悬崖式

悬崖式是仿照大自然中生长在悬崖峭壁上各种树木形态制作而成的，形态险峻苍古、势若蟠龙，老枝或横斜，或下垂，或先扬后抑……其坚强刚毅、不畏艰险、顽强生长的品格令人赞叹。按其主干下垂的程度分为大悬崖和小悬崖两种。树干下垂程度较大，树梢超过花盆底部称为大悬崖（或称全悬崖，如《崖韵》）；主干下垂程度较小，超过盆口，但不超过盆底者称小悬崖（或称半悬崖，如《虬枝临崖》）。

杜鹃盆景——崖韵（张乾川　作）

雀梅盆景——虬枝临崖（王晓东　作）

在岭南派盆景中还有一种捞月型（回旋型）悬崖式，其主干稍做下垂后，或向左或向右延伸，与顶部上扬的枝干形成类似月牙的形状。

刺柏盆景——华夏五千年（乔永林　作）

三角梅盆景——紫霞绕月（何伟源　作）

倒挂型也称倒挂金钩，也是悬崖式盆景中的一个类型。它以充满节律和力度的跌宕起伏，表现出百折不挠的顽强生命力和绝境求生的坚毅斗志。此类盆景全株越出盆外，裸露的主干垂直倒挂更贴近盆壁，其枝条依然横出，如倒挂空中更显雄奇壮观：整体造型犹如一棵紧贴悬崖的老树，悬挂在峭壁上，曲折迂回；又像飞流直下的瀑布，跌宕起伏，气势磅礴。

博楠盆景——誓不低头（黄就成　作）

石榴盆景——
盘龙绕柱（陈永康 作）

悬崖式盆景除选取形态适宜的桩材外，还可通过改变种植角度，将原来直立或倾斜生长的反着栽，使之倒挂或平伸，形成悬崖式造型。对于某些重心不稳的作品，还可在盆面布一块大小相当的石头，以平衡树势，稳定重心，避免头重脚轻。此外将部分根系提出土面，也能起到稳定重心的作用。

由于悬崖式盆景的大部分枝干都伸出盆外，根部深入泥土较深才能稳定，因此通常多用较高的签筒盆种植，此外深盆还能起到衬托的作用，使之犹如悬崖古木，临危不惧，富有动感。也可用普通的四方盆、六角盆或圆盆栽种，但应陈设在较高的几架上观赏，以突出其悬崖倒挂的风采。

米叶冬青（李云龙　作）

悬崖式盆景还可与树石盆景中的水旱式、附石式等造型相结合，以增加盆景作品的表现力。

罗汉松盆景——山静云出（张卫立　作）

## （六）临水式

树干或大的主枝斜向平伸，甚至伸出盆面，但不倒挂下垂，而是横生直展，向水面贴近求得生长中力的平衡。与悬崖式盆景的区别在于以盆面为界，枝干高于盆面者为临水式，低于盆面者为悬崖式。

但这个标准也不是绝对的，有些盆景的主枝虽然略低于盆面，但不下垂，而是向前伸展，此类盆景也视作临水式。还有一种临水式盆景，树干软弧大弯，在弯位培育探枝，以加强险峻感，结顶上昂，整体造型矮壮飘逸，富有意趣。

由于临水式盆景主干出土不高就向一侧平展生长，上盆时可将原来直立的主干平着栽种，使之横展。临水式盆景还可与树石盆景中的附石式、水旱式盆景结合，以增加表现力。

真柏盆景——星河鹭起（吴选明　作）

黄杨盆景——逸仙记（高荣森　作）

榔榆盆景——绿荫深处（张宪文　作）



三角枫盆景——倚石览春秋（龚学良　作）

## （七）劈干式

用破坏性的手法将粗大树干劈开，形成较大面积的伤痕，然后让其长出新的枝叶，并对其进行加工造型，使树干半枯半荣，生与死的对比形成强烈反差。

劈干式盆景宜选择生命力顽强，伤口愈合性好的植物，如对节白蜡、石榴、黄荆、榆树、梅花、蜡梅等。劈干多在春季树木萌芽前进行，有三种操作方法：一种是把树冠、树干、树根全都劈开，一分为二，成为两株树木（如《壮志凌云》）；另一种是把树冠、树干劈开，但根部不劈开，其状若相依为伴的双干式盆景造型（如《开天辟地》）；还有一种是将树根、树干劈开，一分为二，但树冠不分开，即分下不分上（如《别有洞天》）。

蜡梅盆景——开天辟地（重庆海景园林公司）

对节白蜡盆景——别有洞天（李长征　作）

对节白蜡盆景——壮志凌云（郑州植物园）

## （八）枯干式

树干枯朽，树皮斑驳，多有孔洞，木质层裸露在外，尚有部分韧皮上下相连，树干上部则生机盎然、枝叶新绿，显示出枯木逢春的景象。其造型多利用自然枯蚀的老树干，也可将树干人工雕凿。舍利干也可看做枯干式的一种。

枯干式盆景宜用中等深度或稍浅的紫砂盆，以衬托其苍古奇特的神韵。

石榴盆景——枯木逢春（郑州市碧沙岗公园）

雀梅盆景——枯骨再春（孙建军　作）

真柏盆景——画魂（孙龙海　作）

## （九）文人树

文人树的始祖是中国画中的文人画，造型具有耸高、清瘦、潇洒、简洁等特点，寥寥几枝就能表现出其清雅的神韵。以个性生动、鲜明、清新的艺术形象，表达清高、自傲的人文精神追求。其实，在大自然中也有不少这种树干瘦高、简洁潇洒的树木，文人树盆景只不过是将其删繁就简，进行了艺术化处理，使之更符合人们的审美标准。

大自然中自然生长的树木孤高清瘦，颇有文人树盆景的雏形

高耸挺拔的桉树，颇具文人树的神韵

木瓜盆景——禅风（郑州植物园）

米叶冬青盆景——并肩耐岁寒（支传峰　作）

在文人树盆景中，还有一种被称为素仁格（也称素仁树）的造型，其创始人是广州海幢寺素仁和尚。艺术风格像中国画中的写意派，只用淡墨描出几笔，并无茂叶繁枝，以几枝树丫形成扶疏挺拔的造型，创造出清高脱俗、悠然飘逸、如诗如画的意境。

山橘盆景——海幢遗韵（韩学年　作）

石斑木盆景——脱俗（韩学年　作　李琴　提供）

文人树盆景并非树木盆景的基本树型，而是从斜干式、曲干式、直干式、双干式等造型的盆景变化而来，因此其造型可以是单干式，也可以是双干式，甚至是丛林式；既可以是直干式，也可以是曲干式、斜干式，甚至是悬崖式。无论什么样式，其孤高、清瘦、简洁的风格不变，在造型时应把握这点，切忌繁乱驳杂。更不能盲目追求“以曲为美”，将干、枝作得弯弯曲曲、妩媚扭曲，如此就失去了文人树清高挺拔的神韵，作品也显得俗气。

真柏盆景——聚（李瑞峰　作）

玉树临风（张国军　作）

石榴盆景——同辉（齐胜利　作）

五针松盆景（陈冠军　作）

梨树盆景——玉树临风（查新杰、刘军　作）

金弹子盆景——清风傲骨（左世新　作）

## （十）怪异式

怪异式盆景是指那些形状奇特，无规律可循的桩材盆景，这是大自然鬼斧神工的杰作，有着“极丑为美”的韵味，如同戏曲中的丑角。怪异式盆景大致分为枝干怪异和树根怪异两种类型。在创作时应根据树桩的形态，融入作者的主观意识，追求线条、外形的个性美，随心所欲地创作出心中的“树”，与现代派美术作品有着异曲同工之趣。

需要指出的是，怪异式盆景虽然以“怪”取胜，但也要遵循自然规律，不能为“怪”而“怪”，盲目地追求怪异。

六角榕盆景——魔界（香港趣怡园）

真柏盆景——曲美（宝鸡盆景园）

金弹子盆景——生命之韵（左世新 作）

小叶榕盆景——
钟灵毓秀（陈万均　作）

榕树盆景——榕情雅韵（徐祖勉　作）

金弹子盆景——
卧龙抱春（孙德柱作）

朴树盆景——
情依大地（王力群　作）

雀梅盆景——石篮溢香（叶龙　作）

## （十一）大树型

大树型是岭南派盆景的代表，现已在盆景界普遍应用。其树干嶙峋苍劲，树冠丰满，呈馒头形或三角形，枝条疏密有致，以表现旷野大树虽历经岁月沧桑，依旧生机盎然的风采。因其形式多模仿南方古榕树的形式，故也叫古榕型或古榕格。

榕树盆景——世代兴容（李日成　作）

香楠（凹叶女贞）盆景——王者至尊（陈昌　作）

对节白蜡盆景——风云奇古（吴成发　作）

杜鹃盆景（铃木浩之　提供）

## （十二）单干式

单干式是大自然中树木风景的特写，也是植物盆景最基本的类型，虽然只有一株，但极富变化，有着直干式、斜干式、悬崖式、临水式、曲干式等多种造型，具有以少胜多、以简胜繁的艺术效果。

对节白蜡盆景——一身正气（徐祖胜　作）

赤松盆景——涛声（江一平　作）

## （十三）双干式

双干式是将一本双干或两株同一品种的树木栽种于同一个花盆中，二者既相辅相成、相依为伴，又各自独立。其风格丰富多变，或高耸清秀，或风华正茂，或雄健稳重，或嶙峋古朴，或盘根错节……无论何种风格，两个树干的形态都要有一定区别，常常是一大一小、一高一低，一般两个树干同粗不要等高，等高则不要同粗，避免形态相同，但也不要差距过大，尽量做到既和谐统一，又有一定的变化，这样制作的盆景才自然优美，富有诗情画意。

榆树盆景——母子相依（谭竹良　作）

真柏盆景——古韵新姿（王如生　作）

杜鹃盆景——相得益彰（邓文祥　作）

双干式盆景通常用浅盆或中等深度的花盆，形状以长方形、椭圆形最为常见，但也有用圆形、四方形、六角形、不规则形盆器栽种的，无论哪种形状的花盆都宜浅不宜深。但是如果制作悬崖式双干盆景则应选择签筒盆或其他稍高一些的盆器。

双干式盆景两棵树木之间的距离不宜太远，否则会有松散之感，其树干可直、可曲、可正、可斜、可俯、可仰，也可一曲一直、一正一斜、一仰一俯。两树的枝条也要相互映衬，缺一不可，切不可各自为政、互不关联，并注意树与树之间的透视效果，使之既符合自然规律又有艺术美。

五针松盆景——听天籁（潘仲连　作）

真柏盆景——叠翠（宝鸡盆景园）

把酒问青天（陈安勇　作）

榔榆盆景——峥嵘（吕更　作）

## （十四）丛林式

丛林式也称多干式，其主干至少在3株（含3株）以上，以表现山野丛林风光。布局时应注意主次分明，疏密得当，使之和谐统一，以达到最佳效果。并根据造型需要，铺青苔、点奇石，做出自然地貌，摆放配件，以增加趣味性。丛林式盆景宜选择中等深度或较浅的长方形、椭圆形或圆形盆器。以使盆景显得视野开阔，潇洒大气。但使用浅盆时管理要跟得上，尤其是夏季更要注意浇水，以免因盆浅，水分蒸发过快，引起干旱，对植株生长造成不利影响。

丛林式盆景大致有以下几种类型。

**合栽型**　将数株树木合栽于一盆，使之呈丛林状，既可同种树木合栽，也可用不同种类的植物合栽，但要尽量选择习性相近的植物合栽。数量多时可将树木分成2丛或3丛。栽种时应注意整体的纵深感和层次感，切不可将所有的植物栽种在一条线上。

小叶罗汉松盆景——疏林叠翠（邵海荣　作）

金弹子盆景——林深不知处
（周润武　作　王志宏　摄）

三角枫盆景——枫林秀色（黄学明　作）

五针松盆景——熙春风（吴宝华　作）

**一本多干型** 一本多干是指一株树木超过3个树干（包括3干）者，要求高低参差，前后错落，左右呼应。一本多干式盆景与合栽式盆景有些相似，但又有很大区别，合栽式盆景主要表现的是大自然中山野丛林风光，其每棵树都是独立的，甚至可以用不同的树种组合制作此类盆景。而一本多干式盆景则表现的是一株丛生的树木，即独木成林，虽然它们的树干很多，看上去像个小树林，但有着共同的根，每个树干都不能独立成景，树冠也是几个树干所共有的，犹如几个人同撑一把伞。

雀梅盆景——同是连根自在生（崔一南 作）

黄杨盆景——嘉年华（康传健 作）

对节白蜡盆景——三重唱（樊忠林 作）

**雨林型** 通常以叶小而常绿、适应性强、萌芽力强、易成活、成型快、耐修剪、易蟠扎的杂木类植物为主要素材，像博兰、榆树、榕树、对节白蜡等，其桩材要求老干横卧，连根连干或一本多干。创作时以“顺乎自然，巧夺天工”为宗旨，以大自然为范本，采取模拟、借鉴、夸张等手法，合理布局，借鉴画理，融入诗情；用修剪、蟠扎等盆景技法进行塑形和科学养护，达到“虽是人为，宛如天成”的艺术境界。在盆钵中表现地势险峻，树木茂密挺拔，古树盘根错节，树势奇异而富于变化的雨林生态风光。

博兰盆景——扬帆起航（刘传刚 作 王志宏 提供）

博兰盆景——神奇的雨林（刘传刚 作 王志宏 提供）

为了增加作品的表现力，丛林式盆景还可与其他造型的盆景结合，像与水旱式、附石式等盆景相结合，融合二者的优点，既有水旱盆景的视野开阔，又有丛林式盆景的清静幽雅；将文人树盆景的特点融入其中，使作品自然洒脱，清幽典雅；将树栽种在石上，则表现出山林景观的葳蕤茂盛，以达到“源于自然，又高于自然”的艺术效果。

大阪松盆景——细雨润松影（苏州虎丘山风景名胜管理处）

野渡无人舟自横（张宪文　作）

松树盆景（铃木浩之　提供）

# 四、树冠的不同造型

植物的树冠由主枝、侧枝、细枝、顶枝、飘枝、跌枝、前枝（迎面枝）、后背枝、下垂枝等不同的枝托构成，其他还有交叉枝、反向枝、平行枝、轮生枝、对生枝、重叠枝等，因此树冠造型也称枝丛造型或枝托造型。在盆景中主要有自然式、云片式、垂枝式、风动式、枯梢式等形式，每种形式又有一定的分类。不论哪种形式，都要疏密有致（即“密不透风，疏可走马”），自然流畅，以达到艺术美与自然美融合为一的效果。对于那些不必要的杂乱枝条，尤其是影响到艺术造型的交叉枝、反向枝、平行枝、轮生枝、对生枝等，都应剪除或短截、变形，使其不影响整体的美观。

树木的枝条大致可分为以下几种。

**主枝：**树干上长出的粗壮枝条，由下而上可分为第一主枝、第二主枝等。

**侧枝：**主枝上长出的枝条，可分为一级侧枝（由主枝上直接长出）、二级侧枝（由一级侧枝上长出）等，一般来讲，一级侧枝较粗，二级侧枝稍细，以此类推，侧枝会越来越细，直至细枝，其级次越多，枝与枝之间的过渡就越自然，盆景层次也就越丰富。

**细枝：**最后一级侧枝上萌发生长的小枝。

**过渡枝：**也称比例枝，指主干、侧枝、细枝之间自粗而细的过渡枝条，过渡枝是否完善是考量一件盆景好坏的重要指标，也是“年功”的体现。

其他还有飘枝（如《紫霞仙子下凡间》）、跌枝（如《汉风古韵》）、俯枝（如《凤舞》）、下垂枝（如《秋韵》）以及前枝、后枝等类型的枝条。

三角梅盆景——紫霞仙子下凡间（杜建坤　作）

真柏盆景——汉柏古韵（李文明　作）

真柏盆景——凤舞（李文明　作）

枸杞盆景——秋韵（王俊升　作）

树冠造型有以下几种。

## （一）自然式

自然式的特点是自然潇洒又富于变化，同时能够体现出植物的树种特色。自然式树冠造型主要用于叶子较大的树种，也可用于以观花、观果为主的月季、蜡梅、梅花、苹果、梨等树种，以及某些种类的多肉植物、草本植物。若使用不当则会使盆景显得粗野、凌乱，失去清新自然的美感。

自然式造型以修剪为主，对于不到位的枝条可通过蟠扎、牵拉等方法调整走势，以达到理想的效果。

蜡梅盆景（郑州植物园）

雀梅盆景——情深（马恩泓　作）

红果仔盆景——神韵飘逸（陆志锦　作）

## （二）云片式

云片式也叫圆片式、云朵式，是植物盆景的传统造型，利用某些种类植物叶片细小稠密的特点，采用修剪与蟠扎相结合的方法，将树冠加工成大小不一的云片状，其特点是规整严谨，但如果方法不当，难免给人以呆板的感觉，而且也失去了植物的物种特色，看上去千篇一律。其实，在大自然中，枝叶水平生长，呈云片状的植物不在少数，像非洲的猴面包树，盆景中常用的虎刺、大花假虎刺、平枝栒子、黑松、五针松，以及高山、崖壁上的树木，甚至小叶冷水花、露镜、文竹之类的草本植物都是这种类型。

枝丛自然呈云片状的猴面包树（王文鹏　摄）

枝丛自然呈云片状的松树

朴树盆景——端丽浓艳（香港盆栽雅石学会）

黄荆盆景——岁月峥嵘（边长武　作）

云片式造型一般通过修剪与蟠扎相结合的方法来实现，先用金属丝将原本向上生长的枝条进行蟠扎，使之呈水平方向或略向下生长，再通过修剪，去除枝条的顶端优势，促使其萌发稠密而细小的侧枝，逐渐形成云片状，其大小、形状及厚度都要与盆景的整体造型相协调，或清秀、或雄浑、或磅礴。并注意“云片”既不能过小过碎，以免显得凌乱，也不能过大，以免显得呆板僵硬。要做到大小搭配合适，使之既和谐统一，又有一定的变化，这样才显得美观大方。

云片式在盆景造型中应用极为广泛，可以说是植物盆景中的基本造型，像扬派盆景的传统作品，采用棕丝蟠扎，讲究“枝无寸直”“一寸三弯”，所扎的云片平整清秀，层次分明，似行云流水。如今，随着人们审美情趣的提高，云片式的类型和应用也得到了发展，像杂木盆景中的仿松树造型就是其常见的形式。

圆柏盆景——鹤舞（张福亮　作）

古柏风韵（牛得槽　作）

雀梅盆景——崖壁仙姿（李新林　作）

对节白蜡盆景

制作实例：仿松树造型

制作仿松树造型盆景的树种要求根、干虬曲多姿，叶片细小而稠密，习性强健，耐修剪。常用的树种有黄荆、柽柳、檵木、榆树、雀梅、雪艾、小叶女贞、对节白蜡、水杨梅、刺柏、黄杨等。选择那些形态古雅，有古松风格的树桩，通常以苍劲的树身模仿松树的躯干，造型可根据树桩形状加工成直干式、斜干式、曲干式、双干式、枯干式、悬崖式、卧干式、丛林式、文人树等多种形式。再配以叶片细小、大小相宜的圆片造型，使作品凝重、浑厚，犹如国画中的松树，又像在山上眺望远处的古松，富有朦胧美。这是艺术化了的松树、写意的松树，与具有真实、临近感强、适合近距离观赏等特点的五针松、大阪松、黑松、马尾松等松树盆景有着很大区别，具有“仿松而胜松”的艺术效果。

仿松树型盆景的造型方法应用“粗扎细剪”，先蟠扎出基本骨架，再细细修剪，使其不断萌发细密的嫩枝和叶子，最后形成中间凸起，周围稍薄，下面平整的云片造型。在制作云片时应注意云片大小、厚薄的变化，使其层次分明，避免过于呆板。此外，在同一件作品中，还要注意云片不宜过多，否则会使作品显得零乱不堪，但也不宜过大，以免使作品僵化呆板。

大自然中的松树

柽柳盆景——坚贞（孙玉高 作）

柽柳盆景——卧龙松（郑州市人民公园）

## （三）垂枝式

在岭南盆景中称垂枝式为柳格或柳型。垂枝式造型是利用某些植物的枝条能够自然下垂，或者经人工造型能够下垂的习性，采用一定的技法，使树枝都呈下垂之状。由于树种及作者理念的不同，垂枝式盆景也有不同的风格，或清高脱俗，或险象环生，或飘逸柔美，或刚健倔强。其大致可分为垂柳型和藤蔓型两种形式。

藤蔓型的风格粗犷，兼有动感和力度感，虽然枝条下垂，但刚健挺拔、顿挫有力，极富阳刚之美。常用的有三角梅、对节白蜡、福建茶、博兰、榆树和松树、柏树等树种。为了彰显纤弱的枝条被累累的果实坠弯，也可用垂枝式造型表现，像石榴、冬红果、山楂、苹果、梨等树种都有此类造型；对于藤本植物藤蔓自然下垂的特点，也可用垂枝的造型表现。有时为了增加作品的动感，还可将一棵树的部分枝条做成下垂之姿，使之跌宕有致，富有趣味。

金雀盆景——金雀闹春（王俊升 作）

三角梅盆景——
云垂枝垂紫做荫（香港盆景雅石学会）

冬红果盆景——
秋帘垂瑞（查新生、李彦民　作）

苹果盆景——苹下悟道（查新生　作）

石榴盆景——秋韵（马建新　作）

赤松盆景——高士风骨（陈建华　作）

垂柳型主要是模仿垂柳自然柔顺、婀娜飘逸的神韵。由于树种的差异，其风格也不尽相同，像柽柳、枸杞、迎春花、侧柏、刺柏、璎珞柏、线柏等树种制作的垂枝式造型婀娜飘逸；小石积制作的垂枝式盆景条理清晰。垂柳型盆景是大自然中垂柳的艺术化再现，其意境神韵是抽象的，它不是把柳树移动再植，而是把柳的风格、特点等吸收消化，运用到其他树种的盆景创作中，使之在原有的树种上，增添“柳”的神韵，达到艺术的升华。

枸杞盆景——醉清秋（王俊升　作）

柽柳盆景——溪林牧歌（朱金水　作）

梅韵（郑州市碧沙岗公园）

垂枝式盆景枝条多用金属丝蟠扎造型，对于柽柳等树种的嫩枝，也可在枝端夹上衣服夹等重物，通过向下的重力使之下垂。

制作实例：仿垂柳造型

柳，是一种极富诗情画意的植物，历代以柳为题材的诗词、绘画等文学艺术作品数不胜数，像《诗经》中的“昔我往矣，杨柳依依”，贺知章的“碧玉妆成一树高，万条垂下绿丝绦”等。而“柳”与“留”谐音，柳又有了“挽留”“留恋”之意，继而引申到“乡情”“故园”，甚至形成了以垂柳为代表的柳文化。不少人都希望用盆景的手法，艺术化地在盆钵中再现垂柳那婀娜多姿、自然飘逸的神韵，但由于真正的垂柳枝长叶大，用其制作盆景很难表现出它的风姿，于是就有人用其他叶片细小、枝条能够自然下垂或经人工加工后下垂自然的树种替代垂柳制作盆景，此类盆景造型谓之“垂枝式仿垂柳造型”。常见的树种有金雀、小石积、侧柏、线柏、璎珞柏、垂枝柏、柽柳、枸杞、迎春花、六月雪等。

仿垂柳造型盆景主要款式有直干式、斜干式、临水式、悬崖式、文人树、枯干式、卧干式、曲干式、双干式、大树型、风动式、附石式、水旱式、丛林式等，也可将数种款式融于一盆，像双干式与水旱式结合、斜干式与水旱式结合，以增加作品的表现力。

线柏盆景——寿乡映晖（彭朝煊　作）

在自然状态下，有些植物的枝条下垂力度并不是很理想，但可以通过人工造型的方法使其理想化，呈现出依依的垂柳状。目前，常用的方法有蟠扎、重物下垂等方法。

蟠扎法是让枝条下垂的主要方法，可用于多种树种，对于那些有一定粗度、质感较硬的枝条尤为适宜。方法是用金属丝对枝条进行缠绕蟠扎，使其下垂。目前常用的是铝丝或铜丝，其具有柔韧度适中，便于操作，而且也不会对树身造成大的伤害。蟠扎前可适当控水，以使枝条柔软，避免折断。对于需要蟠扎的枝条可根据“先粗后细”的原则，逐次进行，并注意选择与枝条粗细相配的金属丝，避免对枝条造成大的伤害。对于柽柳等速生树种，定型后应及时解除金属丝，以免“陷丝”对枝条造成伤害。对于柏树等生长缓慢的则要延缓解丝的时间，以免因解丝过早，造成所蟠扎的枝条“反弹”，达不到所需要的效果。

柽柳的枝条原本是向上生长（杨自强　作）

经过艺术造型后使其下垂，以表现垂柳婀娜飘逸的神韵（杨自强 作）

重物下垂法多用于柽柳等速生树种，当年生的幼嫩枝尚未木质化的时候，其质柔软而可塑性强，可在枝端悬吊衣服夹子、螺母或其他重量不等的悬垂重物，通过重力的作用，使其下垂，等枝条木质化定型后再取下重物。

此外，还有牵拉法、折枝法等，这些方法既可单独使用，也可综合使用。

需要指出的是，在大自然中，只要是姿态优美的垂柳，其主枝、侧枝往往是向上生长的，有些树龄长的主枝、侧枝常常有弯有折，显示出一定的刚性，制作盆景时应注意这点，最好先让枝条向上扬起一段，然后再做下垂之势，这样可使得盆景骨架优美，刚柔并济，富有美感；而呈下垂之态的新枝、嫩枝一般呈团簇状结构，一簇一簇的垂枝形成错落有致、宛转流畅的树冠。尽管其生长旺盛，但树形丰满而不散乱，树势从内部的主干、主枝、侧枝，到下垂的细枝，都表现出层次分明、柔中带刚的美感。在制作盆景时也要尽量表现出垂柳的这些特征。仔细观察，大自然中的老柳树虽然老态龙钟，但主枝及侧枝的“弯儿”并不是很多，因此造型时不要将其做得弯弯曲曲，状若蚯蚓，以免画蛇添足、不伦不类。

柳的下垂枝条要有一定的长度才显得飘逸，才美，也更符合人们对垂柳的审美要求，切不可过短，否则缺乏垂柳的神韵。

柽柳盆景——柳韵（王俊升　作）

柽柳盆景——牧归（梁凤楼　作）

柽柳盆景——黄河颂（朱金水　作）

仔细观察就会发现，大自然中垂柳的顶部呈中间高、四周低，圆润流畅的馒头形。因此，在盆景结顶时也要注意到这点，切不可做成大平顶，并注意顶部也要有一定的叶子，不能呈“秃顶”之态，否则既不美观，也不符合自然规律。

此外，大自然中的垂柳每个季节的表现也不尽相同，春天新芽萌动，叶片不大，透过嫩叶还能看清柳枝，即“丝丝垂柳”“春风扬柳万千条”；到了夏天，其枝叶浓密，尤其是下垂枝又长又密，甚至垂到地面，将树的主干遮挡，看上去，一团翠绿，密不透风，即“浓荫蔽日”；秋天的柳，朦胧如梦，即所谓的“秋柳含烟”；冬季落叶后，线条毕露，谓之“寒柳”。在表现垂柳的这些季节特征时，可根据造型需要，进行艺术化处理，像表现夏天的垂柳时就要处理得疏密有致，既彰显出树干的刚性，又有垂柳的飘逸，切不可一团乱麻，缺乏层次，否则只能做大自然的搬运工，而缺乏必要的艺术创作，使盆景创作走进“写实主义”的窠臼。

柽柳盆景——闲钓秋中月（马建新　作）

寒柳（河南中州盆景文化园）

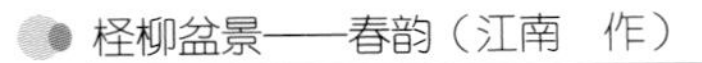

柽柳盆景——春韵（江南　作）

金雀盆景——秋柳含烟（张延信　作）

盆景并不是大自然的照搬，而是其精华的浓缩和艺术化再现，因此在制作盆景时还应根据桩材、树种的差异，以大自然中的垂柳为蓝本，参考国画等美术作品中的垂柳，融入个人情愫，将垂柳的自然之美与人文之美有机地融合在一起，采用对比、夸张、延伸等手法，将垂柳最美的一面提炼出来，创作出诗情画意、姿态万千的仿垂柳造型盆景。垂柳多生长在池畔水边、平原或山脚下等湿润且土层丰厚的地带，潮湿的生长环境很容易导致虫蛀或其他病虫害的发生，再加上自然或人为等因素的破坏，生长多年的老柳树往往树身孔洞斑驳，有时整块的树皮脱落，露出灰色的木质层，甚至木质层也朽化成灰，形成巨大的朽洞。这些特征在盆景中可以用舍利干、枯干式、劈干式等形式再现，但应将其处理成原木色，并有一定的层次感，以区别松柏类盆景舍利干细腻的质地、灰白的色泽，使之既有树种自身特点，又符合自然规律，以艺术化的手法表现其栉风沐雨、沧桑古朴的韵味。

由于暴雨、洪水对河沿泥土的冲刷以及大风吹刮等原因，往往会使生长在河沿的垂柳树身倾斜，甚至紧贴在水面上，这就产生了临水式、悬崖式、附石式等造型的盆景，这类盆景可将盆器看作河岸或岸石的抬高，而不是看做植物所生长的悬崖峭壁、奇石怪岩等环境。

大自然中嶙峋沧桑的老柳树干

柽柳以舍利干形式表现老柳树的沧桑感——古柳（张顺舟　作）

大自然临水而卧的柳树

柽柳以悬崖式造型表现临水而卧的柳树——柳荫戏水（王小军　作）

真正的柳树层次丰富，但树冠过大，与树身的比例不是很协调，给人以头重脚轻的感觉

柽柳经过艺术加工的仿垂柳盆景树冠疏密有致，参差有序，更符合人们的审美观点——春之曲（杨自强　作）

小石积盆景——春晓（陈治辛　作）

春天的柳条理清晰，谓之“丝丝垂柳”

## （四）动式

动式也称风动式、风吹式。动式盆景是模仿一些树木在狂风暴雨中，树干岿然不动，枝条却弯曲偏向背风面的瞬间变化，其主干或直或斜或曲，或悬崖或怪异，树枝向一方飞出或折出，以表现大自然树木在风中的动态和潇洒飘逸的景象。

三角梅盆景——惊涛（罗志杰　作）

朴树盆景——暴风雨中见精神（蔡亚勇　作）

根据与树干、主枝的配合形式，动式盆景有逆风式、顺风式、直立式等。此外，还有一种枝条向上的动式盆景，犹如燃烧的火焰，富有动感；有些作品的树冠整体都呈动势，如奔腾的激流，磅礴壮观，富有动感。

博兰盆景——风起云涌（云向东　作）

对节白蜡盆景（刘传刚　作）

对节白蜡盆景——向上（刘永辉　作）

三角枫盆景——奔腾急（刘胜才　作）



动式盆景造型多采取金属丝蟠扎与修剪相结合的方法，先剪去多余的枝条，再用金属丝蟠扎成型。动式盆景忌枝叶过于稠密，否则会遮挡住观赏的主体——枝，因此在观赏或展出时要摘除部分或全部叶子，使其筋骨毕露，以彰显枝条的动势。此外，动式盆景还可与水旱式、附石式等造型的盆景结合，以增加作品的表现力。

被稠密的叶子遮挡枝丫的动式盆景

对节白蜡盆景——声在树间 A（叶天森　作）

对节白蜡盆景——声在树间 B（叶天森　作）

博兰盆景——
风雷激（刘传刚　作　王志宏　提供）

## （五）蘑菇形

蘑菇形也叫馒头形。蘑菇形盆景树冠外轮廓线圆润流畅，呈半圆形，像个蘑菇或馒头，其内部枝丛较为密集，并有一定的层次。该形式的树冠多用于叶子小而密集的树种，像榆树、对节白蜡以及松柏类植物。该造型多用于大树型盆景，可使得作品稳重大气，但若使用不当，则有呆板僵硬之感。

黄杨盆景——苍翠欲滴（张志明 作）

抚云（曹孝民 作）

杜鹃花盆景（铃木浩之 提供）

榉树（铃木浩之　提供）

系渔川真柏盆景——图腾（杨建　作）

## （六）三角形

三角形是蘑菇形树冠的变型，其顶端较尖，使得树冠呈三角形，大致可分为等边三角形和不等边三角形，前者浑厚，后者富有动感。

黄杨盆景——巾帼丈夫（龙川盆景园）

黑松盆景——探涯（如皋花木大世界）

三角枫盆景——气贯富士（刘胜才　作）

榆树盆景——千手之韵(徐淦　作)

## （七）圆锥形

圆锥形是三角形树冠的变型，多用于直干式盆景中，其出枝部位较低，树冠狭长，上窄下宽，轮廓线呈圆锥形，给人以峭拔之感。

虾夷松盆景——天地有正气（北京柏盛缘）

盆景的树冠、树干及根部三者要比例协调，若树冠大、主干细，如同小孩儿带大帽，看着沉重压抑；而树干粗、树冠小，则会显得滑稽而不自然，就像人的身躯很大，脑袋却很小，很不和谐美观。

需要指出的是，盆景的各种造型不是一成不变的，而是在变化中求发展，要根据树种的不同、桩材的差异以及所表达的内容灵活应用，既可将各种造型单独使用，也可将两种或数种造型组合应用，像双干悬崖式、三干文人树，甚至将大树型、直干式、水旱式等不同造型融于一盆，以表现大自然山林之秀色。但不论什么样的造型都不应违反自然规律和树种特色。

总之，造型是“技”，是“能耐”，是“形式”，而如何应用则是“艺”，是“法”，是“术”，是“内容”。盆景要通过“技与艺”“技与法”“技与术”的结合，灵活应用自己的能耐和本领，以“形式”表现“内容”，从而达到理想的效果，使之成为艺术品。

此外，随着时代的发展变化，人们的审美趣味也在不断地变化，就盆景艺术而言，过去一些非常经典或得过大奖、风靡一时的作品，以当今的艺术目光审视，或许并不是那么完美，甚至可以说“简陋、粗糙”。正因如此，盆景也被称为有生命的艺术品、活的艺术品，其中的“活”“生命”，不仅表现在盆景植物是鲜活的生命体，更表现在创作手法的灵活以及强大的生命力上。但万变不离其宗，不论怎么变化，都不能偏离“大自然的艺术化再现和精华浓缩”这一宗旨。

榔榆盆景——乱云飞渡（王恒亮　作）

雀梅盆景——圆梦故乡（花良海　作）

# 技法篇

盆景造型，就是通过蟠扎、修剪等技法的应用，改变植物枝干的方向走势，使之达到所需要的形态。

# 一、常用工具

盆景造型常用的工具有剪子（包括枝剪、长柄剪、小剪刀等）、钳子（包括钢丝钳、尖嘴钳和鲤鱼钳）、刀（包括嫁接刀、凿子及平口、圆口、斜口、三角口等各种雕刻刀，常用于茎干的雕凿）、曲干器（主要用于较粗枝干的弯曲造型，两边固定，中间旋转，以调节弯曲弧度）、丝雕机（用于舍利干的雕刻及修饰）以及手锯、镊子、锤子、小刷子等。其他还有盛水的水盆、水桶，浇水的水壶和喷水的喷雾器，蟠扎用的扎丝、麻皮和胶布（枝干蟠扎时垫衬在树皮表面，避免伤及树皮）等。

# 二、造型技艺

## （一）蟠扎

蟠扎也称盘扎、攀扎、绑扎、作弯、摆形等，是植物盆景，尤其是树木盆景的传统技法，也是其最基本的技法。按使用的材料不同，大致可分为棕丝蟠扎和金属丝蟠扎两种。

**棕丝蟠扎**　也称棕法，是我国盆景制作的传统技法，曾经在川派、扬派、苏派等传统盆景流派中广泛使用，而且每个流派都有不同的方法，像扬派盆景的棕法就有11种之多。棕丝蟠扎具有不传热、对植物伤害小等优点。但也有操作繁琐，对操作者技术水平要求较高，解除不易等不足，现在除了作为传统技术保留外，已经很少有人使用了，基本被金属丝蟠扎所替代。

扬派的棕丝蟠扎

黄杨盆景（扬州扬派盆景博物馆）

**金属丝蟠扎** 用金属丝等材料绑扎植物的枝、干，使之按要求的弯曲姿态和走势生长，待其姿态和方向固定后，再解除蟠扎物。其具有操作简便易行，基本能一次定型，对操作者的技术水平要求不是很高等特点。常用的金属丝有铁丝、铜丝、铝丝等，其中的铝丝、铜丝因柔韧性好，易于弯曲而得到广泛应用。现在不少花市、专卖店都有专门的扎丝出售，而且有着很多的规格。对于较粗的树干则可用曲干器进行机械力施压，达到一定的弯度后用铁质杠杆、棍棒等定型。

金属丝蟠扎的石榴盆景

曲干器的应用

棍棒定型

蟠扎时期应根据树种和气候环境而定，落叶树种较好的蟠扎时期是休眠期后(翻盆前后)或秋季落叶后，因为这时期枝条看得清楚，操作起来比较便利。但也有人认为在初夏枝条木质化后蟠扎，梅雨季节是一切树木进行蟠扎的最适当的时期。而对于一些枝条韧性大的树种，一年四季均可蟠扎。蟠扎顺序应遵循“先粗后细”的原则，即主干、主枝、侧枝、细枝依次进行，蟠扎用的金属丝应根据所蟠扎植物枝干的粗细进行选择，对于较粗的枝条可用数根金属丝缠绕后蟠扎，以增加力度。

蟠扎前应先剪去杂乱的枝条，以便于操作，并进行控水，使枝条变得相对柔软时再进行，以避免枝条因水分充盈质脆而折断、撕裂。蟠扎时先固定好起点，用拇指和食指把金属丝和枝干捏紧，使金属丝和枝干呈45°角，拉紧金属丝紧贴枝干的树皮徐徐缠绕。缠绕的密度要适当，过疏或过密，或疏密不均匀，蟠扎效果均不理想。同时，还要注意金属丝缠绕的方向，如欲使枝干向右弯曲，金属丝应顺时针方向缠绕；如向左弯曲，金属丝则逆时针方向缠绕。

解除蟠扎物的时间，应根据树木不同种类，灵活掌握。枝条比较柔软的迎春、六月雪、石榴等，蟠扎时间应长些，一般1年后方可解除。若蟠扎物过早解除，枝干未定型而反弹回去，虽有弯度，但不理想，再进行蟠扎就费时费力了。

在蟠扎后的养护中，应注意是否有“陷丝”现象的发生。所谓陷丝，指随着植物的生长，其枝条逐渐变粗，蟠扎用的金属丝、棕丝或其他材料陷入植物的皮层。陷丝会对植物造成较大的伤害，甚至引起“退枝”，使得所蟠扎的枝条枯死，此外陷丝还会影响盆景的美观。解决办法是不要让金属丝长期束缚枝条，当枝条定型后要及时解除金属丝，如果所蟠扎的枝条反弹或者定型不稳，可选择该枝条的其他部位，重新蟠扎定型。

缠绕金属丝

栽种在塑料盆中的柏树杂乱无章

经修剪、蟠扎后层次分明，疏朗大气

换盆后的效果 （刘晓亮 作）

牵引，也称引导、引领，是蟠扎的一种方法，是指将位置不合适的枝条用粗细适宜的金属丝进行牵引，使整体枝条布局合理。

牵引

## （二）修剪

盆景中的植物是有生命的，是会不断生长的，如果任其自然生长，不加抑制，势必影响树姿造型而致使其失去艺术价值。所以，必须及时剪去在造型中的多余部分，留其所需，补其所不足，以扬长避短，达到树形优美的目的；修剪还能增加树体内部的通风透光性，有利于植物的健康生长。

金雀儿盆景修剪前杂乱无章

修剪后疏密得当，层次分明

换盆后虽疏朗秀美，但略显单薄

经过 6 年的生长作品更为成熟（闵文荣　作）

修剪是植物盆景造型的基本技法，其方法包括疏剪、短剪、缩剪及折枝等。

**疏剪**　即将枝条从基部剪除。通过疏剪，使树桩通风透光好，营养供应集中，生长旺盛。幼树及早疏剪，可有利于正常发育生长；整形时疏剪，可使留下的造型枝条得到充足的营养，加速成形；成形的树桩盆景，通过疏剪，可起平衡营养的作用，使之老而不衰。疏剪时要剪除病虫枝、平行枝、交叉枝、重叠枝以及其他影响美观的枝条，并注意服从艺术造型的整体要求，凡是不符合造型要求的多余枝要全部剪除。

在疏剪时，还可不用剪刀而是用手，连同树皮与部分木质部一起撕除，使树木露出一道道木质沟槽，伤口愈合好似自然形成的疤痕，古雅沧桑，富有美感。

**短剪**　即将长枝短截，刺激剪口下的腋芽萌发，形成较强的侧枝，从而达到促其分枝，便于造型的目的。在整形中，将多余的枝条疏剪后，就要将留下的造型枝短剪，促使造型枝一年萌发2~3次芽。发一次芽进行一次短剪，就会迅速增加造型枝的分枝级数，并能使每级枝序缩得很短，不拉长枝条。因此，短剪是植物盆景控制生长，保持矮性的有效措施，又是树桩具有大树形态，及早成型的重要手段。

**缩剪**　即对多年生的枝条进行回缩修剪，它是缩小树冠，维持形态优美的有力措施，也是促使萌发新枝，恢复树势的重要手段。对树桩姿态较好，但树冠大、主枝长的桩景植物来说，单靠对一年生枝条的短剪和疏剪是无法达到桩景造型要求的，通过缩剪，可使大树变小，有利于盆景造型；对某些萌芽力强的树种，缩剪量可大些，即修光枝叶，仅保留树桩的骨架，以刺激剪口下萌发新枝。

修剪的时间应根据树木的品种而定，对于落叶树种一般在冬季落叶后至春季发芽前修剪，生长期可随时剪除徒长枝、位置不适宜的芽，以保持盆景的优美。对于梅花、蜡梅、迎春花、月季等观花植物，还可在开花时进行一次细致的修剪，剪去过长枝、无花枝、杂乱枝以及其他影响美观的枝条，以提高观赏性。

“截干蓄枝”是岭南派盆景的重要修剪技法之一，现已在其他流派的盆景中推广应用。截干蓄枝可以使树桩矮化、紧凑，更能体现其艺术美。“截干”是在树干适当的位置截断，使其断口处长出新芽，继而长成新的枝条，新枝经过一段时间的蓄养，达到一定的粗度后，再在适当的位置截断，使其发芽出枝，当其枝条长到一定粗度后，再将其截断。如此反复，经过不断地截干、蓄枝后，其枝干自粗到细过渡自然，顿挫有力，似鸡爪，如鹿角，极富阳刚之美，甚至每个枝条剪下后都能单独成景。

需要指出的是，“截干蓄枝”中的“蓄枝”并非是任枝条自由生长，而应该合理控制。同时应保留部分伴生枝，让其配合所蓄枝的光合作用、营养合成、呼吸作用，使植物体的上下生理功能相对平衡，以不至于只留“蓄枝”而造成植物体上下生理功能不平衡，影响所蓄枝干和树木的整体生长。要清除多少过多的重生枝（芽）、腋下枝（芽）、叉枝、平行枝（芽）、对生枝（芽）等，保留多少伴生枝（芽），应根据树种适情而定。萌发生长力强的榆树、枸骨、檵木等，可去除较多枝（芽），反之宜少。当伴生枝木质化后可控制顶端优势，抑制其生长，以促进蓄枝干的生长，翌年清除，如此反复。随放养蓄枝时间推移，2~3年或适情而定，当所蓄枝干达到合理粗细过渡变化时，截干再蓄枝，直到成形。

对于造型不需要粗大的枝干，可用锯子锯截。锯截后应对截口进行雕琢，使之自然和谐。

香楠盆景——展望和谐（榕乾晖　作）

锯截产生的较大伤口

用錾子剔除部分木质

完工后用砂布打磨掉毛刺

最后形成自然和谐的伤口

**折枝** 就是将欲折的枝条先用金属丝缠绕，然后把该枝条折断一半（折而不断，枝条仍然存活），愈合后线条硬直刚健，疏朗大气。折枝的角度和部位应视造型需要而定，一般一株树只折1~2枝，切不可过多，以免显得杂乱。

还有一种折枝是在枝干欲折断的部位，先用锯子锯一道沟槽，深及枝条直径的一半，然后连皮带木质层一起撕下，伤痕愈合后，宛若自然长成，苍古别致。

金雀盆景——天地之间（郑州市人民公园）

起舞弄影（闵文荣 作）

## （三）牺牲枝的培养利用

顾名思义，牺牲枝就是暂时利用，而以后要做出牺牲的枝条。这是在需要增粗的枝干上选育徒长枝，利用徒长枝快速生长的优势拉粗该枝干，等达到要求时，再截除徒长枝的一种盆景造型手段，而这条徒长枝就叫牺牲枝。如果牺牲枝应用得当，对盆景植物根、干、枝的快速增粗作用十分明显。

要培养矮壮大树型树桩，或是要改变树干上不理想的粗细过渡，利用牺牲枝是方便快捷的方法。根据需要，牺牲枝可设一处或多处，也可分阶段依次设置。为求美观，牺牲枝要尽可能设在树桩背面，以免截后留下不雅疤痕。依次设置的，一般宜自下而上进行。必要时也可利用牺牲枝对树干“精雕细刻”，例如要改变弯曲处过于圆滑的外沿状况，或是塌陷之处等，都可以借助牺牲枝来实现。

同样道理，牺牲枝也可用于枝托的造型上。用于那些相对偏细的枝托效果尤其明显。牺牲枝一般设在枝托梢部，也可同时设在枝托其他部位，且必须保持一定的相对高度优势，这样才能达到超常生长加粗的目的。

牺牲枝还有壮根的作用，在盆景培育过程中，常常会出现这种情况：树桩一侧虽生有根，但十分瘦弱，与其他几个面的根很不相称。此时如果在此根就近的树基上方培养一个枝条，并控制在一定的旺盛状态，就会带动相近的这条根迅速生长，从而实现造型设想。此后即可将这根枝条剪除，并修整得不留明显痕迹。若需要之处无法培育出新枝时，可用靠接法造一新枝同样可行。培养中或养成后一个时期，如需上盆、翻盆，应尽量少修剪此根，以增强其相对生长优势。

不论什么位置的牺牲枝，在使用中必须遵循一条原则，即牺牲枝要与全株相协调，并将其控制在一个适当范围内，利用的时间长短也要灵活掌握，既要达到特定的塑造目的，又不能过于影响其他重要部位的生存。枝的伸展应尽量减少对重要部位的遮挡。如果萌发力强，且生长于显眼处，也可年年修剪、反复重发，以避免产生过大的伤疤。

## （四）打马眼

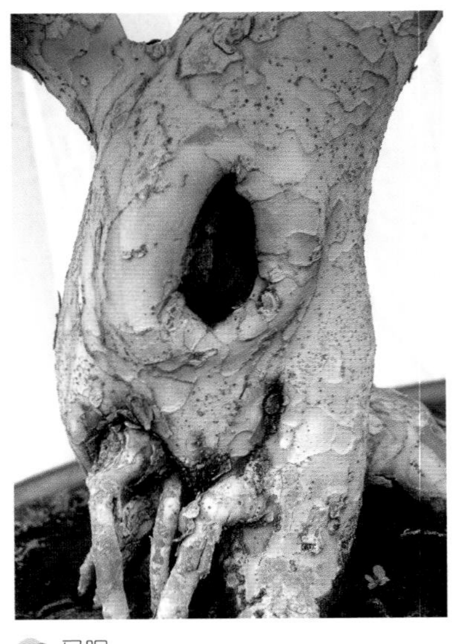
马眼

打马眼，也称“造坑埝”。所谓的“马眼”，就是把造型不需要的大枝干截裁并经过修理后，随着树桩的长大，截口渐渐愈合，长成好像马的眼睛一样的形状，这样可使作品显得更加苍劲。要使“马眼”美观，修剪前后一定要保持植物有良好旺盛的生长状态，如此，截口处的树皮的营养层聚集才会快，有利于形成完美的“马眼”。也可在树体的某些部位进行人工凿孔造眼，形成“马眼”，对于愈合力强的榆树、三角枫等树种，可用硬木条击打树干（刺激到植物的皮层即可，切忌打烂），受刺激的皮层会在愈伤时增殖，形成天然的“马眼”。对于是用锯子锯掉枝干的截口，可用锋利的刀片将其边缘修成3~5厘米、约45°的斜口（按截口的大小而定），以使包口顺滑美观。为加快成形，修“马眼”时还可使用凹形剪截枝。

“马眼”形成的好坏与植物的种类有关，还需要时间的磨砺，树皮厚的植物会长得快点好点，树皮薄的植物形成慢且效果也差。总之，“马眼”不是一朝一夕能形成的，要在岁月的延伸中才会变得越来越漂亮。

榕树盆景——龙啸云去（王建昌 作）

## （五）结顶

结顶也称收顶，指植物盆景的顶部处理。大自然中树木因物种及生长环境的差异，其顶部形状也不尽相同，主要有半圆形、三角形、平顶形、锥形等；有些植物的顶梢因雷电轰击或其他原因，自然枯死，形成枯梢；还有一些丛林植物或生长在其他险恶地方的植物为了争夺阳光，其顶部向上凸起，形成了上细下粗的圆锥顶；还有些植物受雪的压力，形成了较为平展的顶部。树木盆景在结顶时可参考其风采，并进行艺术加工，于是就有了锥形结顶、弯曲S弯结顶（折叠结顶）、螺旋结顶、半圆形结顶、三角形结顶、平顶结顶、下垂结顶、反手结顶以及动式结顶、枯梢结顶等形式。既可单枝结顶，也可由数个枝条组成枝丛结顶，可根据树种及盆景造型的差异灵活应用。

半圆结顶（嘉盛园艺）

锥形结顶红果仔盆景——盛世年华（陆志锦　作）

螺旋结顶榆树盆景——古木雄姿（何瑞燊　作）

平顶结顶圆柏盆景——虬龙绕云（曹季德　作）

三角形结顶盆景——大地情深（张新友　作）

动式结顶对节白蜡盆景——钟山风云（万仁斌　作）

下垂结顶梅花盆景——梅花落（郑州市碧沙岗公园）

枯梢结顶刺柏盆景——定海神针（史佩元　作）

枯梢结顶对节白蜡盆景

多枝结顶黄杨盆景——绿影婆娑(严忠仁　作)

## （六）舍利干与神枝制作

“舍利”一词来源于佛教，是梵文sarira的音译，意思是“身骨”，也称“灵骨”或“坚固子”，由佛教的高僧大德圆寂以后遗体火化而产生，是佛教中的至高圣物。

树木中的舍利是指自然界的老树，经历雷击、风霜雪雨、砍伐践踏和病虫害的摧残等外在或内在因素的影响，树体的一部分枯萎，树皮剥落，木质部呈白骨化。这是自然界树木中的一种客观存在的现象，其强烈的色彩对比，枯荣对比，生死对比，刚柔对比，动与静对比，悲壮美与生机美的对比。

大自然中松树自然形成的神枝

大自然中柏树自然形成的神枝

柏树自然形成的舍利干（铃木浩之　提供）

刺柏盆景——黛色千秋（古林公园）

柏树的舍利干（铃木浩之　提供）

盆景中的舍利干就是对树木这种舍利的艺术化再现，是艺术美与自然美的完美结合。按其部位的不同可分为以下三种类型。

**枯干式**　以树干为主，通常我们所说的“舍利干”就是指这种。

**枯枝式**　也称神枝或枝神，多与主干配合，有时为了取得树势平衡或变化而将主枝雕刻成舍利干；此外还有一种枯梢式，也称枯顶式，模拟自然界中老树枯枝或受雷击的现象，其下部枝叶繁茂，而顶部枝梢已经干枯，枯梢为主干的延伸枝。枯梢不仅可以应用于顶梢，还可用于其他部位的枝梢。需要注意的是枯梢在一件盆景中不宜使用太多，否则会显得作品凌乱匠气，其大小、长短也要与盆景的整体造型相适宜。

制作时在适宜的位置，选取一定粗度、曲折有致的枝条，将树皮剥去一段，再用小刀将其顶端削尖，使之呈自然由粗变细的状态。

枯枝式真柏盆景——古柏峥嵘（席有山　作）

**枯根式** 为了烘托枯干而对裸露的根或接近根部的枝采取雕琢措施。

以上几种类型的舍利干和神枝既可单独应用，也可综合应用。

刺柏盆景——翠盖拂云（苏州留园管理处）

石榴盆景——汉唐风韵（张忠涛 作）

舍利干最初是在松柏类盆景（尤其是以侧柏、刺柏、真柏等柏树类盆景）中应用，近年来，逐渐扩展到石榴、冬红果、黄荆、柽柳、对节白蜡、黄荆等观花观果植物和杂木树种上。业内人士对此做法褒贬不一，褒者称之“神奇绝妙”，贬者称其“白骨森森，阴森恐怖”。

梅花盆景——贵妃出浴（无锡冯氏梅园）

石榴盆景——太平盛世（齐胜利　作）

黄荆盆景——风骨（丁玉仓　作）

那么，如何才能将舍利干应用得恰如其分呢？其实，不必刻意追求舍利干和神枝。要根据树桩的自然之态，恰当地运用舍利干和神枝，表现大自然中古树虽历经岁月沧桑，依然生机盎然的景象。而不要为了“舍利干”而“舍利干”，也不是多多益善，更不要牵强附会、忸怩作态，以免适得其反。舍利干和神枝的运用，所追求的效果是树桩能像自然界中的古树，经历了风雕雨琢、水蚀雪砺，显得愈加苍古。且以扭曲、旋结的纹理，表现自然界中老树的虬曲多姿。

制作舍利干要注意选择时机，以3~5月为宜，因为此时树液流动活跃，切口容易愈合隆起；做神枝时，应尽量选择分叉较多者，这样做出来的才漂亮美观。此外，刚翻盆换土的树因植株的机能尚未完全恢复，有枯死的可能，幼龄树木的木质不够坚硬，速生树种因木质松软，容易损坏，这些都不太适合做舍利干。

雕刻前必须先认真察看树木的水线（也称水路，也就是活的皮层部分），找准其所在的位置，切不可盲目下手。以柏树为例，对于生长旺盛，皮层饱满的柏树，最好在树干筋脉隆起的位置来确定保留水线。因这样的水线健壮且相对应的部位定有树枝生长，是最佳的生命线。每棵桩干上最好能留有两条以上的水线，水线之间要有宽有窄，要有聚散开合的变化。需要指出的是，水线太少，尤其根部的皮扒得太多的话，近土面部分的木质禁不起日复一日的干湿交替，极易腐烂。因此制作时尽量多留几条水线，通过水线的开合交织使树干浑然一体，致根部大部分皆活。

真柏盆景——生命交响曲（朱有才 作）

对于只有半边是活的树，也可留一条较宽的水线，在有桩节的地方使水线分开，绕过桩节而合拢，也可在水线太过平板的地方顺水线的走势刻一道线，刻线的位置不要将水线分得太均等，刻线的长短宽窄也要根据水线变化的要求来决定。

水线的位置最好能起于两侧或一侧，使前后都能看得到，水线的走向也应根据树干的形态和纹理来确定：扭曲盘旋或直行上扬，都要求水线和舍利干的纹理相一致。但水线最好别挡在正前方或正后方，在正前方则会将树干一分为二而影响树干的整体美，在正后方则因看不到水线而显得死气沉沉。

舍利干的加工可采用机械或手工雕刻。但机械雕刻后也必须通过手工来消除机械的痕迹。加工时要注意，要顺木质的纹理自然而有序地进行，其纹理的扭曲或旋结，也一定要宛若天成。对枯干断面的雕琢，比例要适当，收口要自然，做到枯干的走势与主枝树形协调统一、浑然一体。对愈合线的雕琢要精细，促使水线暴凸起来，以获得“暴筋露骨”的艺术效果。

操作时要仔细观察和思考，根据树种的特性以及枝干的软硬、韧脆、弹性、粗细的差别，确定舍利干和神枝的具体部位，构思好整体效果，并注意留下树木原有的木质纹理，尽量模仿自然，切忌生硬僵化。制作时先用锋利的刀刻划，刀口要平整，这样伤口较容易愈合隆起，初时水线可留得稍宽些，隆起后再修小，这样更能显现出层次感。做神枝的树梢，先摘去叶子，然后剥皮至木质层，并把枝梢削尖，并加以雕刻美化。

对于制作好的舍利干可在伤口愈合，干燥后刷上一层石硫合剂或其他防霉药物加以保护，并注意其清洁卫生和通风良好，这些措施都是为了防止其发霉而损坏。并使其洁白美观，达到“虽是人工，犹如天成”的效果，使生机盎然的树冠与枯骨嶙峋的舍利干、神枝形成强烈的对比，以求盆景具有苍古悲壮的气节之美。

舍利干和神枝与苍郁葱茏的叶片，形成了鲜明的艺术反差，衡量这种反差的标准，不是枯荣共存，而是枯与荣相得益彰。

高山柏盆景——岁月何所惧 我独自风流（戴武 作）

蜡梅盆景——会当凌绝顶（李高峰 作）

寿娘子盆景（江职宏 作 王志宏 提供）

# 美化篇

一件完美的盆景作品，不但要在选材、造型等方面下足工夫，而且在盆面处理、盆的选择、几架搭配等细节都马虎不得。

# 一、盆面处理技巧



盆面处理是盆景制作过程中比较容易被忽视的地方，很多盆景作品的用盆、造型等都很不错，但是盆面的处理却很毛糙简陋，不是黄土裸露，就是草草铺上几块青苔。这些都会使盆景的艺术性和观赏性大打折扣，使作品显得粗糙不细致。

那么，盆面究竟应该怎么处理呢？常用的盆面处理有以下几种。

**栽种植物** 即在盆面栽种一些小型植物进行装饰，以遮掩盆土、美化盆面，这类植物通常被称为护盆草或盆面植物。所选的植物要求植株低矮、习性强健、覆盖性良好，常用的有苔藓、天胡荽、小叶冷水花、薄雪万年草、姬麦冬、酢浆草等。也可以在盆面撒上草籽，甚至麦粒、谷粒，使其长出嫩绿的小草，这样看上去较为整洁美观，但缺乏大自然之野趣。需要指出的是，除青苔外，大多数的盆面植物都具有习性强健、生长迅速的特点，因此平时应注意打理，随时拔去过多的部分，避免其根部在盆中缠绕在一起，使得盆土板结，透气性差。对于所保留部分也要注意修剪，以避免杂乱粗野，影响美观。

对于大多数铺面植物来讲，其株型及叶子的大小与光照有着很大的关系，光照越充足株型越紧凑，叶子也越小；反之株型松散，叶子变大。

对节白蜡盆景——
岁月如歌，盆面上的青苔（陶焕春　作）

天胡荽

小叶冷水花

薄雪万年草

姬麦冬

大阪松盆景——天涯海角，盆面上栽种的姬麦冬（如皋花木大世界）

酢浆草

撒草籽后长出的嫩草

修剪后的护盆草翠绿整齐（石榴盆景——虚怀若谷 王学忠 作）

**撒颗粒**　这是近年来应用较多的一种盆面处理方式，在盆面撒上一层陶粒、石子或其他颗粒材料，这样处理看上去虽然较为整洁卫生，但与盆景的整体效果不协调，缺乏自然气息。对于梅花、蜡梅盆景，为了表现其傲雪绽放的品格，可在盆面撒上一层白色石子，表示雪景。

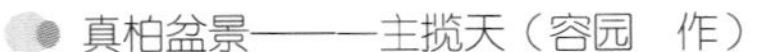

真柏盆景——主揽天（容园　作）

赤松盆景——阳春共舞（王高丰　作）

**布石**　也叫点石，就是在盆钵中或植物旁边点缀观赏石，以起到平衡整体布局、稳定重心的作用，点石时注意石与树要有高低参差，避免二者等高，形式可借鉴、模仿山野间树木山石或中国画中的松石图、竹石图、兰石图、树石图等。其对石头的种类要求不严，但形状和色彩要自然，不要使用人工痕迹过重的几何形和鲜艳的红、绿等颜色的石头。

有的盆景树冠很美，但主干过细，可在树干旁边放置一块大小形状相适应的山石，以避免作品显得头重脚轻。有的长方形或椭圆形盆钵，一端栽种植物，另一端空旷无物，使得整体缺乏平衡感，可在空旷之处放置山石，以起到平衡作用。为了营造自然和谐的地貌景观，也以盆面点石来增加作品的野趣。布石时应将石头埋入土壤，使之根基沉稳自然，避免轻浮做作。

罗汉松盆景——眠琴绿荫（裴家庆　作）

对节白蜡盆景——探幽（张浩　作）

老鸦柿盆景——
磊落野山边（滁州市老科协盆景研究院）

雀梅盆景——故乡的云（谢荣耀　作）

**综合法** 综合采用点石、栽种富有野趣的小草、铺青苔等方法，将盆面处理得自然而富有野趣，并结合配件的合理应用，以提高了盆景的艺术性。

大阪松盆景——十里闻风（江一平　作）

盆面未经处理的榆树盆景——林趣

柽柳盆景——听啼（王俊升　作）

换盆后，盆面处理为自然地貌——林趣（姚晨　作）

无论采用什么样方式处理盆面，都要做到自然和谐，切不可做作。有人喜欢在盆面栽种一些雏菊、小菊等小型观花植物，其鲜艳的花朵往往会喧宾夺主，使得作品不伦不类，影响整体意境的表现。

## 二、盆与几架选择

盆景，素有“一景二盆三几架”的说法。一件完整的中国盆景最基本的配制是有盆，盆中有景，并有几架的衬托。

黑松、杜鹃组合——岁月悠悠遇知音（董方　作）

### （一）用盆的讲究

盆，是景的载体，没有盆，盆景也就无从谈起。需要指出的是，盆景中的“盆”是一个广义的概念，除通常意义上的盆外，还包括能够栽种植物的朽木、树根、杯、茶壶、山石、石板等。总之，这里所说的“盆”是一个栽种植物的器皿，而不是单纯的盆。

瓦盆中的枸杞盆景（夏媛媛　作）

榆树盆景（刘驰　作）

盆景的盆以材质分，有瓦盆、塑料盆、紫砂盆、釉陶盆、石盆、水泥盆、竹木盆（如图《榆树盆景》）、藤编盆、铜盆等。其中的瓦盆、塑料盆价格低廉，不甚美观，主要用于养桩。目前使用较为广泛的是紫砂盆、瓷盆、釉陶盆和石盆。

**紫砂盆**　即紫砂陶盆，其质地细腻、坚韧，表面有着肉眼看不到的气孔，既不渗漏，又有一定透气性和吸水性，非常适合植物根系的发育。造型古朴典雅，款式多样，规格齐全，可用作各种造型的植物盆景。颜色以呈肝紫色的紫砂红为主，兼有青蓝、墨绿、铁青、紫铜、葡萄紫、栗色、豆青、白砂、姜黄、葵黄、浅灰等颜色，有的紫砂盆还在泥里掺入少量的粗泥沙或钢砂等，制成的盆器有着特殊的颗粒感。有些紫砂盆表面还刻有或画有花鸟鱼虫、人物、动物以及书法作品，如同精美的工艺品，除了栽种植物外，还可把玩收藏，陈列观赏。

紫砂盆主要产于江苏宜兴，此外浙江嵊州、四川荣昌、河南宝丰等地也有生产。

紫砂盆

**瓷盆** 瓷盆在全国各地都有生产，以江西景德镇的最为著名，其质地细腻、坚硬，外形美观，色彩亮丽丰富，但透气性差，如果配土得当，养护得法，可用于多种盆景。

对节白蜡盆景——洪荒时代（周诗斌 作）

**釉陶盆** 以广东石湾所产最为著名，故也称石湾盆。它是用塑性好的黏土制胎，外壁上釉，内壁则为素胎。盆内颜色有蓝、绿、黄、紫、白、红等，即便是同一种颜色也有深浅、浓淡的差异。如果将釉陶盆常年放在室外，经过日晒雨淋风吹等自然侵蚀，原来的色彩会逐渐退去，呈现出白色或淡青色，谓之“冬瓜白”或“冬瓜青”，其古朴厚重，脱俗大气，是难得的收藏品。

釉陶盆的规格款式较多，色彩丰富，透气性好，可用于多种形式的盆景，在岭南盆景中使用尤为普遍。

雀梅盆景——雄鹰展翅（陈本炎 作）

**石盆** 也称凿石盆，是采用汉白玉、大理石、花岗岩等石料雕凿而成，颜色多为白色，也有白色中夹杂着浅灰等色的纹理。此外还有黑色的墨玉盆，较为稀少。盆沿深浅不等，形状有长方形、椭圆形、圆形、不规则形等，具有质地坚实细腻、不透水等特点。还有一种天然石盆，是石灰岩洞穴中饱含碳酸钙的水滴落地面聚集而成的，因其边缘曲折多变，好像云彩，故被称为“云盆”。云盆的颜色多为灰褐色，自然而富有野趣。由于天然云盆数量很少，现已开发出人工仿制的云盆，将普通的石头掏挖出沟槽，栽种植物，制成盆景。此外，还有在质地相对疏松的火山石挖洞栽种植物，其粗犷自然、风格独特，甚至直接在石板上垒石堆土、栽草种木以营造景观。

浅石盆常用于丛林式盆景以及树石盆景中的旱盆盆景或水旱盆景。

不同形状的汉白玉石盆

石盆刺柏（古林盆景园）

盆景盆钵的形状丰富多样，像盆口就有正圆形、椭圆形、正方形、长方形、六角形、八角形、菱形、海棠花形、不规则形等多种形状。此外还有模仿觚、鼎、香炉、花瓶等古玩形状。其深浅也有很大的差异。在长期的使用中，还形成了固定的称谓。像端庄的长方形马槽盆（如图《连理》）、高耸的签筒盆（如图《趣》）、方正的斗盆（如图《凌崖叠翠》）以及浅盆（如图《轻舟已过万重山》）、菖蒲盆（如图《石菖蒲》）、异形盆（如图《长寿梅盆景》）、残缺盆（如图《春翡秋翠》）、时尚盆（如图《独秀》）。

除专用盆器外，生活中的一些器皿也可用于盆景的制作，像酒瓶、紫砂壶（如图《壶中春色》）、茶杯、杯托、瓮、罐、碗、盘，以及各种形状的西餐餐具等都可以使用，对于较深的容器，应在盆底钻孔，以利于排水，而较浅的器具因水分蒸发较快，可不必打孔。

凌崖叠翠（宋海绿　作）

连理（周士生　作）

趣（高祥、高非洲　作）

轻舟已过万重山（王素芳　作）

菖蒲盆

春翡秋翠（包重达　作）

长寿梅盆景（张延信　作）

独秀（第十七届青州花博会）

仿青铜器盆景榆树盆景——缠绵（孙世平 作）

壶中春色

酒瓶盆景

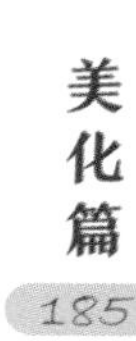

**盆的应用** 什么样的植物配什么样的盆也有讲究，有时同一棵植物，配不同的盆，尽管效果都不错，但风格却迥异。

用较高六角形签筒盆种植的关节酢浆草的盆景，给人以险峻的感觉

用椭圆形盆栽种，则显得视野开阔
（兑宝峰 作）

植物盆景在选择盆器时首先要注意大小深浅是否合适，若树大盆小，如同小孩儿戴大帽，重心不稳，有头重脚轻之嫌，而且因盆小土少，养分和水分都不能满足植株的需要，会使得植物生长不良；且盆器小，水分蒸发较快，需要经常浇水，日常管理也比较繁琐。反之，如果树小盆大，会给人以小孩儿穿大鞋的感觉，比例失调，影响美观。一般来讲，植物盆景用盆的直径要比树冠略小一些或大小基本一致，也就是说植物的枝叶要伸出盆外一些，至于伸出多少为宜，就要根据具体情况而定了。

盆钵的深浅、式样也要根据盆景的造型而定，像悬崖式盆景宜用高深的签筒盆，以展现其倒挂崖壁的风采；丛林式、水旱式盆景宜用浅口盆，以表现视野的开阔；斜干式、曲干式、丛林式、提根式则宜用中等深度的长方形或椭圆形盆。总之，浅盆更能衬托出植物的高大，视野的开阔，而深盆则会彰显植物旁枝斜出的飘逸之感。

但凡事不可一概而论，有时用深而高的签筒盆栽种高耸的文人树造型植物，甚至盆器成为树干的一部分，以衬托其孤傲清高的神韵。

换成椭圆形汉白玉浅盆，并作摘叶处理后野趣十足（郑州植物园）

用白色长方形盆器栽种的雀梅盆景《叠翠》中规中矩

栒子盆景（高祥、高非洲　作）

龙柏（徐国杰　作）

盆的颜色与植物叶、花、果颜色的对比差异也不容忽视。花、果、叶深者宜用浅色盆，反之宜用深色盆；满树白花的植物不要用白色盆，金雀、迎春花之类的开黄色花的植物尽量不要用黄色盆，绿色枝叶植物不要用绿色盆。总之，二者的颜色不宜相同，要有一定的差异才会显得美。当然，也有一些颜色的盆适合于各种盆景，像肝紫色的紫砂盆适用于各种植物盆景，白色浅石盆适用于多种颜色的水旱盆景。此外，还要注意不宜用颜色过于鲜艳的盆，诸如鲜红、橙红、橙黄、翠绿等。盆壁上的装饰图也不要过于繁琐，以免喧宾夺主，影响意境的表现。

白刺花盆景（杨自强　作）

## （二）几架和博古架的选配

几架，也叫几座、底座，是用来陈设盆景的架子，它与景、盆构成统一的艺术整体，是中国盆景不可缺少的重要部分。其材质有各种木质以及竹质、石质、陶瓷、水泥、金属质、塑料等，其中木质的最为常用，其木料有红木、黄杨、楠木、酸枝木、枣木、榆木以及其他木材。从陈设方式上分，有落地式和桌案式之分，其规格很多，其中落地式的有方桌、圆桌、长桌、琴几、茶几、高几、博古架等款式，桌案式则有方形、长形、圆形、多边形、海棠形、书卷形等款式。此外，有用天然树根、树兜做成的几架；还有把老树的根、干锯截成片状，作为底座，其自然朴实，极富天然情趣。对于水旱盆景等用浅盆的盆景，可用4个活动的小架子支起四角，这也是几架的一种形式。

几架应比盆略大一些，这样才和谐美观。对于用稍浅盆栽种的悬崖式或临水式盆景应放在较高的几架上，才能彰显其崖壁之木险峻苍古、势若蟠龙的气势。有时为了整体效果，还可在几架下面铺上竹席或竹帘，以突出其典雅自然的特色。

不同的几架





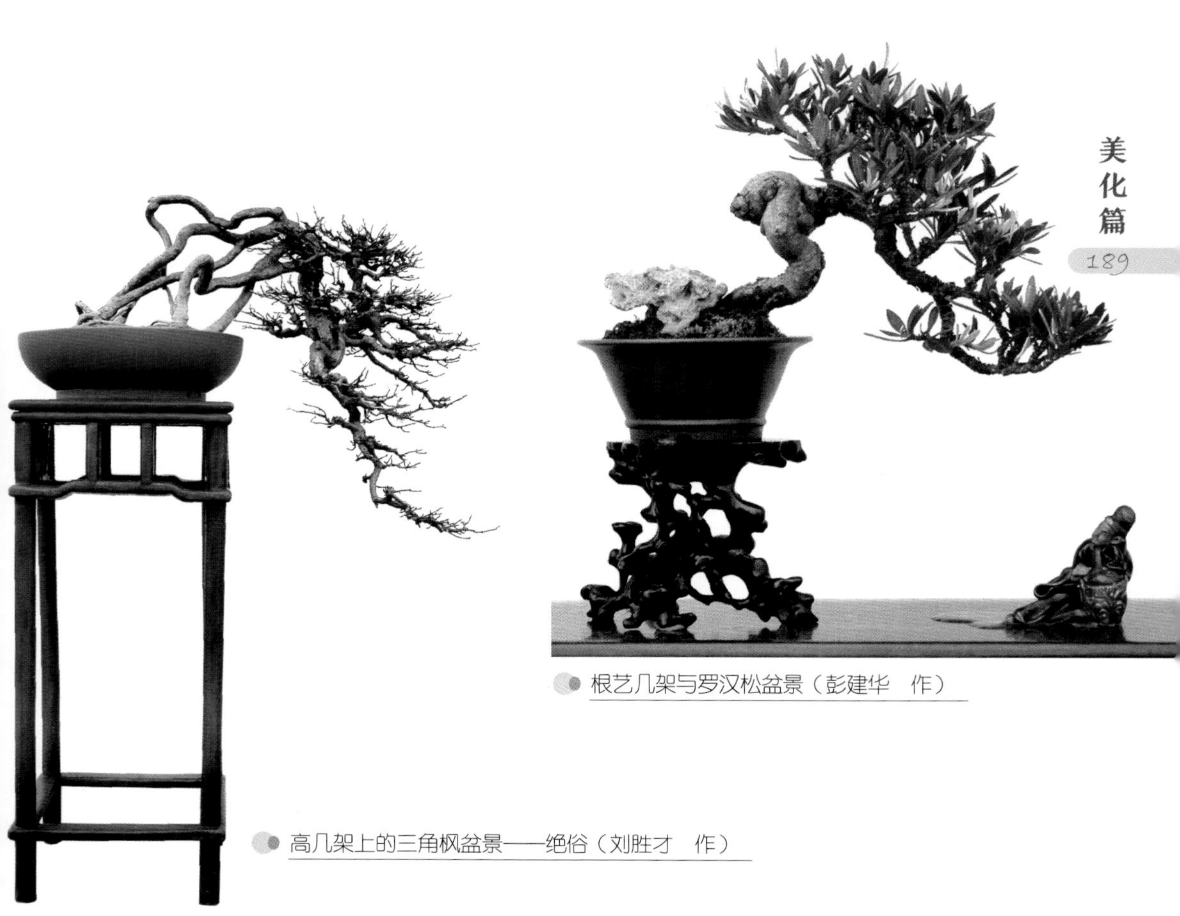

根艺几架与罗汉松盆景（彭建华　作）

高几架上的三角枫盆景——绝俗（刘胜才　作）

榆树盆景——疏影横斜（卢法强　作）

博兰盆景——涌动的山林（王礼勇　作）

黑松盆景——相依成趣（吴敬端　作）

博古架主要用于小品盆景，尤其是小型或微型盆景的陈列。其外形则有长方形、正方形、圆形、房屋形、亭子形、葫芦形、船形、扇形、月牙形、花朵形、古币形、几何组合形、异形等多种形状，颜色以暗红色、黑色、原木色等质朴自然的色泽为主。材质以木质为主，有红木、黄杨、楠木、酸枝木、枣木、榆木以及其他木材。在使用博古架时，应注意盆景的大小与宝阁大小的搭配，如果盆景过大，会显得局促拥挤，而盆景过小则没有气势。此外，还可在盆景的下面垫一个大小适宜的底座，使之富有变化。

以下是不同形制的博古架与小微盆景组合。

景意（王元康　作）

飘逸（彭建华　作）

摇啊摇，摇到外婆桥（杨根福　作）

夜静思·忆乡（王建峰　作）

想起个好地方（卫正军　作）

醉卧葫芦中（宋建禄　作）

## 三、配件的选用

配件也称摆件、饰件，是指盆景中植物、山石以外的点缀品，包括人物、动物以及舟船、竹筏等交通工具，亭塔、房屋等建筑物。材质则有陶质、瓷质、石质、金属、木质、塑胶等。

吹笛

仕女

牧童

安放配件前

安放配件后（首届上海“东沃杯”盆景展）

恰当的配件，能够起到画龙点睛的作用，点明作品的主题，不少盆景的题名就是以配件命名的，像《牧归》《八骏图》《童趣》《对弈》等。其应用原则是少而精，除了点缀盆内，在某种特定的环境中，还可将配件摆放在盆钵之外，以延伸意境，增加表现力。

配件的应用要简洁大方，即“大道至简”，切不可过多过滥，点到为止即可。像有的作品在盆面扎上一圈篱笆，篱笆内还要摆上石磨、房屋、辘轳、人物等摆件；有的在盆中堆砌梯田，摆设小路，这样做不仅使作品显得匠气，而且有画蛇添足之感，甚至喧宾夺主，因为观者第一眼看到的是这些林林总总的摆件，而不是盆景的造型艺术。

月季盆景——乡村秀色

配件的摆放还要注意与盆景所表现的环境相和谐，像水岸江边就不宜摆放饮酒者，宜摆放钓鱼的渔翁；丛林盆景的林荫路宜摆放砍柴的樵夫或游玩的文人雅士，树荫下或摆放喝茶的农夫、饮酒的诗人或摆放骑牛的牧童、对弈的老者、奏乐的乐工乃至马匹等。有人喜欢在松树上或树下摆丹顶鹤，谓之“松鹤延年”，其实这不符合生物学规律（丹顶鹤是生活在沼泽地带、湿地的涉禽，其后趾短小而不接触地面，无法把握，在树枝上很难站稳），况且松树一般生长在山地，丹顶鹤生活的沼泽地带是没有松树的。因此，“松鹤延年”只是人们的一种美好的吉祥话而已，尽管如此人们还是喜欢这种有着美好寓意的盆景作品。

此外，还要考虑配件的大小与盆景的体量之间的比例关系，配件小盆景大，看上去不起眼，达不到所要表现的效果；反之配件过大，会使作品显得意境小，难以彰显以小见大的艺术效果。在盆景中虽然不能严格按国画中的“丈山尺树寸马分人”的比例要求，但也要尽量做到二者大小比例适宜。

小红枫酢浆草盆景——秋韵（兑宝峰　作）

柽柳盆景——春江水暖（姚乃恭　作）

罗汉松盆景——涛清松雅（马荣进　作）

鹤舞（黄就成　作）

侧柏盆景——夏日舒心（刘丙礼　作）

月季盆景——牧歌（王小军　作）

黑松盆景——乡韵（王振　作）

# 四、题名

题名是中国盆景的“灵魂”，也是其与大多数国外“盆栽”的主要区别。恰当的题名能够点明盆景的主题，延伸内涵，具体要求是确切，寓意深远，外在形象与内涵情趣高度概括。字数要简洁明了，不宜过多，一般不超过7个字。内容可从古诗词、典故中选取，也可从盆景的造型、配件中择取，还可把树种的名字嵌入题名中，如金雀盆景题名《雀之乐园》《小鸟天堂》，迎春花盆景题名《喜迎春归》《迎春曲》，连根式雀梅盆景题名《鹊桥》，榕树盆景题名为《有容乃大》《世代兴容》，紫薇、紫藤盆景题名为《紫气东来》等。

黑松盆景——马远绘松图（张柏云 作）

需要指出的是，在引用古诗词作为盆景题名时一定要准确理解原意，切不可生搬硬套，或出现错别字。元代张弘范曾经写过一首咏石榴花的诗：“猩血谁教染绛囊，绿云堆里润生香。游蜂错为枝头火，忙驾熏风过短墙。”有人将其中的“绿云堆里润生香”一句误写为 “石榴堆里生芸香”，作为石榴盆景的题名，让人摸不着头脑。此外，还得注意语句是否通顺，避免拗口生僻、令人难以明白的题名，像“虬枝铁骨铁施礼仪”之类的题名。此外，还要注意作品所表现的季节性和相应的地理环境，如表现秋天硕果垂枝的作品题以“枯木逢春”就离谱了，表现垂柳婀娜飘逸的作品题以“沙漠之春”之类的题名就不太适宜了。

梅花盆景——红梅赞（郑州市人民公园）

对节白蜡盆景——水木清华（张志刚　作）

雀梅盆景——寻梅（吴成发　作）





题名虽然能够起到画龙点睛、点明主题的作用，但也在一定范围内禁锢了观者的想象空间，使之只能按照作品的题名欣赏。因此，也有人主张盆景不必题名，让观者自己去品味、感悟，充分发挥其想象力，体会盆景艺术的内涵。国外的“盆栽”就是这样，除个别作品外，大多数作品在展览中只标明植物名称及科属、规格、制作者或收藏者的名字，而没有作品题名。

日本盆景展中的五针松（铃木浩之　提供）

# 养护篇

对于成型的盆景，也要有正确的养护技法，才能使之树形优美，越养越漂亮。成型的盆景美的基本要求是“旺而不疯，茂而不乱，老而不衰”，要做到这些，就需要通过环境及养护技法的综合调控。

《雄风》与《峥嵘岁月》为同一棵黄荆树，拍摄时间相差7年，其韵味已完全不同了。

雄风（何瑞兴　作）

峥嵘岁月（何瑞兴　作）

《千秋垂范》与《醉花荫》是同一棵三角梅盆景，拍摄时间相差8年，两者的内涵也有了很大的变化了。

千秋垂范（郭培　作）

醉花荫（黄连辉　作）

# 一、日常养护

## （一）依植物特性调控光照

光照是绿色植物进行光合作用的能量源泉，如果没有光照或者光照达不到植物的要求（包括光照强度和光照时间），植物就难以生长，甚至会影响其存活。由于植物的物种差异，对光照的要求也不一致。其大致可分为喜阳植物、中性植物、喜阴植物三大类。

石榴（梁凤楼　作）

**喜阳植物**　此类植物喜欢比较强烈的阳光，在全日照下才能正常发育和开花结果。如果光照不足，就会使枝叶徒长，株型变散，叶子变得大而薄，而且色淡，花果类植物则会造成孕蕾受阻、开花结果困难。此类植物有蜡梅、石榴、月季以及某些种类的多肉植物。

**中性植物**　此类植物适宜在半阴环境中生长，要求有充足而柔和的阳光，在强光及荫蔽的环境中都生长不良。因此在夏季及初秋要适当遮光，以避免烈日暴晒。如六月雪、阔叶十大功劳、山茶等植物。

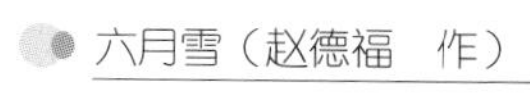

六月雪（赵德福　作）

**喜阴植物** 此类植物适宜至散射光下生长，不能经受强光照射，否则生长不良。如竹子、石菖蒲、杜鹃花等。

观音竹（郑州市碧沙岗公园）

掌上春秋（倪民中 作）

需要指出的是，植物的喜阳和喜阴是相对的，喜阴植物也不能完全没有阳光，尤其是在冬季，一定要给予充足的光照，以保证其正常生长。喜阳植物在炎热的夏季也不能长时间在阳光下暴晒，尤其是植于浅盆的或微型盆景，更要适当遮阴，以免强光灼伤叶子，土壤干燥过快，对植物造成伤害。

光照，还能在一定程度上控制植物叶子的大小。如果光照不足，叶子就会变得薄而大，以扩大面积，尽量多地接受阳光的照射。因此，在植物能够接受的范围内多增加光照，能够使叶片有效地变小。此外，充足的阳光还能使植株枝条节与节之间的距离变短，使得树冠紧凑而不松散。但对于怕烈日暴晒的植物种类，仍需适当遮光，尤其是夏季至初秋，更要遮光，以免强烈的阳光灼伤叶子。

在盆景的养护中，应注意观赏面的朝向。所谓的观赏面也称“脸”，即盆景的脸面。一件盆景可以有一个观赏面，也可以有两个或两个以上的观赏面。一般情况下，观赏面应该作为向阳面，这样可以利用植物的趋光性促其健康生长，使其更符合人们的审美习惯。此外，也可定期转动方向，使盆景受光均匀，保持树形的匀称而不变形。

## （二）依植物需求和盆景类型浇水

水，是所有植物的生命源泉。就树桩盆景而言，因其盆器不大，植株根系不多，也难以伸展，吸收的水分有限。因此，适时、适量浇水，是盆景日常管理中的重中之重。说到浇水，当盆土表面呈灰白色就要浇水了；浇透，是水要从盆底的排水孔中流出。对于小型、微型盆景，还可用“浸盆法”浇水，就是把盆景放进较大的盆器内，往盆内加水至盆景的口沿，由盆景底部的排水孔进水，使土壤湿润；对于喜欢湿润的竹子、南天竹等植物，甚至可以将盆景直接放在盛有水的盆内，但水不要长时间淹没盆面，以免影响根部的呼吸，造成烂根。

水杨梅





除向盆土浇水外，还要经常向植株喷水，以增加空气湿度，避免因空气过于干燥而使叶缘枯焦。同时冲洗掉叶面及茎干上的灰尘，使盆景看上去清新润泽。在空气干燥及干热风时更要经常喷水。

此外，浇水还应考虑到每种植物的具体习性以及栽培环境、气候、季节等因素。总之，既要满足植物生存对水分的需求，又要避免因土壤长期积水而造成烂根。一般来讲，春末、夏季及初秋，气温高，水分蒸发快，大部分植物都处于生长旺盛期，需水量大，可在早晚各浇一次水，尽量不要在气温

苹果

较高的中午浇水。而秋末至翌年的初春，大多数植物都处在休眠阶段，而且气温低，水分蒸发慢，可3~5天，甚至7~8天浇一次水，而且应在一天中气温较高的中午前后浇水。若遇持续降雨，就不要浇水了，而且注意排水。对于观花观果树桩盆景，浇水时不要把水浇到花朵上，以免水珠滞留在花的中心，引起花朵腐烂。

如果使用的是自来水，应在水桶或水缸中放置1~2天，以使水的温度与环境温度接近，避免因水温与气温相差过大对植物造成伤害，并使水中的氯气等有害气体挥发。如果使用的是江河、湖泊、池塘里的水，应先检测该水是否有被污染；一定要注意不要使用有污染的水。井水等地下水，也要放置一段时间，使水温与气温接近。

**控水** 即适当地控制浇水。在春季植物萌芽前后，使盆土偏干状态1~2个月，直到萌芽后长出定型叶，再给予充足的水肥，也能使叶子变小。尤其是出芽时让盆土保持短时间的干燥，新芽能够有效变小。需要指出的是，控水应反复多次进行，谨慎进行，如果水大，就会前功尽弃；而长期缺水，则会造成叶子干枯，严重时甚至导致植株死亡。因此，控水期间要注意观察，当出现枝叶下垂萎蔫时，就必须浇水。

**扣水** 也是控水的一种方法，一些观花观果盆景，像梅花、蜡梅、苹果等，在花芽生理分化的前期（一般为5月下旬至6月下旬），适当减少浇水，以减缓枝条生长速度，当新生枝梢出现轻度萎蔫时再浇水，这样反复几次有利于花芽的分化。

**找水** 也叫补水，在气候较为炎热的夏天及初秋，早晨浇水后，因盆的大小深浅不同，植物叶片的大小、多少等差异，水分蒸发多少不一，可在傍晚根据土壤的干湿情况，对盆土已干的再浇水。

**放水** 指盆景在培育期，为了使枝条、树干尽快长到理想的粗度，以及观果盆景坐果后，为了使果实充分发育膨大，可结合施肥，加大浇水量，谓之“放水”。

## （三）依肥料作用与植物需要施肥

植物在生长过程中所需要的各种营养成分谓之“肥”，主要有氮、磷、钾、碳、氢、氧、硫、镁、钙等元素，其中的氧、氢、碳可以从空气中获得，其他元素则需通过根系的吸收，从土壤中获取（也可将磷酸二氢钾之类的肥料用水稀释后喷洒到叶子上，通过叶片的吸收获取）。在众多的营养元素中，氮、磷、钾所需要的量最大，一般土壤中这3种元素的量不能满足植物的生长需要，所以施肥的主要目的是补充这些元素。

氮肥可促进植株的营养生成和叶绿素的组成，主要用于叶片的生长。植物在苗期或观叶植物需要量较大。

磷肥能够促进植物孕蕾、开花、坐果和果实的发育，主要用于观花观果类盆景。

钾肥中的钾在植物体内移动性较大，通常分布在生长最旺盛的部位，如芽、根尖等处。钾肥能够促进植物茎干发育和根系的生长，提高光合作用效果，增加植物的抗旱、抗寒、抗病能力，弥补冬季室内光照不足。此外，钾肥能使花色鲜艳。

施肥主要有基肥和追肥两种方式。

**基肥** 在上盆时将肥料施入盆底部的土壤中，树桩盆景多用动物的蹄片、骨头、腐熟的饼肥等作基肥。

**追肥** 在植物的生长期，为补充土壤中某些营养成分，而追施的肥料。常用的方法有两种，一种是根部追肥，就树桩盆景而言，目前使用的较多的是玉肥盒。所谓玉肥盒，就是一种镂空的软质塑料盒，而玉肥是一种长效有机颗粒肥，直径从1厘米到2.5厘米不等，玉肥盒可以完整地包裹每一粒玉肥，使肥料养分顺着根部直接渗入土壤内部，不会像传统肥料一样污染土

玉肥盒

五针松盆景——松道（如皋花木大世界）

壤表面及盆面的苔藓，还可避免烧根。另一种是根外施肥法，也叫叶面施肥，多用于观花观果盆景，在开花前用0.2%的磷酸二氢钾溶液向叶片喷洒，对植物的开花坐果及果实发育有着明显的效果。此法也可用于松柏类盆景及摘叶后的杂木盆景，但要掺入一半0.3%的尿素，以增加氮肥的含量。

树桩盆景施肥总的原则是薄肥勤施，不施浓肥和未经发酵或发酵不彻底的生肥，要根据植物的种类，适时、适量施肥。一般春末和夏季，植物生长旺盛，要适量多施肥；秋季植物生长缓慢，则应少施肥；冬季进入休眠期，应停止施肥。观叶类植物多施钾肥，观花观果类盆景多施磷钾肥；喜酸类植物则可在肥液中加入适量的黑矾（硫酸亚铁），以改善土壤的pH值，有利于植物生长。

需要指出的是，对于定型的盆景，施肥量不宜过大，否则会使得植物生长过旺，引起作品变形，叶子过大，影响美观。但也不能缺肥，否则植物得不到养分，会变得羸弱，处于亚健康状态，叶子发黄，缺乏应有的生机，严重时甚至导致植株死亡。

## （四）及时防治病虫害

由于盆景的盆器容积有限，土壤不多，制约着植物的根系生长，继而影响其对水分、养分的吸收，再加上造型时人为的修剪、扭曲、蟠扎、剥皮等对植物的伤害，使之长期处于亚健康状态，具体表现是植株生长缓慢、叶片变小，这些虽然比较适合人们的审美观赏，但却不利于植物的生长，长期下去会造成抗逆性减弱，引起各种病虫害的发生。因此，病虫害防治是盆景养护中不可忽视的因素。

植物的种类不同，所发生的病害也不尽相同，像多肉植物会因土壤积水、环境闷热潮湿引起黑腐病、赤腐病的泛滥，造成根、茎腐烂。干旱缺水，会造成大多数常绿、落叶或草本植物的死亡，且还有白粉病、煤烟病等病害；闷热干旱，则极易造成红蜘蛛的危害。蚜虫、介壳虫、天牛、蛴螬、蝗虫以及各种蝴蝶、蛾子的幼虫等也是微型盆景常见的害虫，必须注意防治。应尽量为植物创造一个好的环境，以预防病虫害的发生。此外，还有一些病虫害只针对特定的植物，如枸杞瘿螨等，也要注意防治。

若发生病虫害，应选择那些低毒高效、降解快、对人及宠物无毒副作用、对环境危害小的药物进行防治。其具体用量和使用方法，可按药物的使用说明书进行。

# 二、针对性养护措施

## （一）上盆与翻盆

**上盆**　是将基本成形的盆景从“养坯”的瓦盆、塑料盆以及其他不是很美观的盆器或地栽状态移入紫砂盆、瓷盆、石盆之类的观赏盆。

**翻盆**　也称改植、换土、换盆。其目的主要是更换部分盆土，有时还要更换盆器，使盆景保持良好的长势并提高其观赏价值。

种植在瓦盆内的枸杞盆景

上紫砂盆后，效果虽有所改善，但还是觉得盆有些大，整体效果不是那么和谐

经过一段时间的培育，换了个绿色釉盆，效果就好多了（杨自强　作）

上盆与翻盆时间应根据树种来决定，对于大多数植物来讲，以春季萌芽前后最为适宜；而榕树之类的常绿阔叶植物也可在夏季其生长旺盛时上盆，此时上盆具有根系恢复快等优点。上盆时注意树的走势要自然协调，或直或斜，或倾或仰，并注意“提根”，即将部分老根露出土面，使之悬根露爪，以增加盆景的苍劲之感。“提根”应分次进行，每次提一点，切不可操之过急，以免因环境突然改变对树桩的生长造成不利影响，严重时甚至导致植株死亡。此外，也可在浇水的时候，用水冲刷掉根部的一点泥土，天长日久，循序渐进，其根部就会露出土面。

栽后浇透水，将盆景移至无直射阳光处缓苗，注意经常向植株及周围环境喷水，以增加空气湿度，有利于生长的恢复。等7~10天，植株恢复生长后再移至光照充足处养护。

由于盆器一般不大，所能装盛的土壤不多，因此盆土要精心配制，为植物的生存创造一个好的环境。尽管每种植物对土壤的要求不尽相同，但对于大多数盆景植物来讲，在疏松肥沃、排水透气性良好的沙质土壤中生长良好，因此可根据这个原则，再依据具体植物种类及种植环境进行调配。其pH值可控制在6~8，一般来讲，产于南方的栀子、茉莉、杜鹃、山茶等植物适宜在微酸性土壤中生长；而柽柳、黄荆等北方植物适宜在中性至弱碱性土壤中生长。常用的材料有园土、腐殖土、沙土、砂子、炉渣等，可根据植物不同的特性，调整比例配制。

以下是杨自强先生2017年2月22日对一盆迎春花盆景的翻盆过程：①种植在圆盆中的迎春花盆景。②备用的蓝色椭圆形釉盆。③用窗纱覆盖盆底的排水孔后，放入新的培养土。④用长柄螺丝刀将原来盆沿的土壤撬松，以便于植株脱盆。⑤脱盆后，去掉部分根系及原来的土壤，操作时注意勿使土团散开。⑥将植株放入新的盆器中，并填满土。⑦用木槌将土敲实，使其与根系及原来的土结合紧密。⑧翻盆后浇一次透水。⑨翻盆后的效果。

近年来，市场上还出现了植物盆景专用土，具有清洁卫生、使用简便等优点，但价格较贵，须防假冒。

赤玉土、鹿沼土、桐生沙、富士沙、柏拉石、日向石、植金石等都是近年从日本引进的高级园艺栽培介质（有些国内已有生产），由火山沙、火山岩等制成粗细不一的颗粒状，具有良好的排水性、蓄水性、通透性、流通性，对植物的根系生长发育非常有利，但有机质含量较少，可掺入树皮、泥炭、椰糠等材料用于种植较为珍贵的植物种类。

泥炭、蛭石、珍珠岩等都是工厂化生产的园艺材料，现已广泛用于园艺生产上，可将其调整到合适的比例，用于植物盆景的种植。

迎春花盆景翻盆（杨自强　作）

## （二）控形

控形就是控制盆景的形态，使之不疯长，长期保持优美的造型。其具体技法包括摘叶、摘心、抹芽、修剪等。

**摘叶** 有不少树木盆景，特别是落叶树种，在新叶刚刚长出时最为美观，是最佳观赏期。但这种最佳观赏期在自然条件下每年只有一次，因此为了提高观赏性，可在夏季或初秋的生长旺季对植株进行摘叶，使其萌发出叶片细小、稠密、鲜亮的新叶。有些树种的新叶还呈美丽的红色或带有红晕，如石榴、三角枫、槭树等。有些杂木树种如黄荆、榆树、雀梅、小叶女贞等，萌发力强，摘叶后再长出的新叶小而厚实，更具有观赏性，可在一年中对此类树种进行3次摘叶，把最佳观赏期由1次增加到3次。多年生的常绿植物叶子虽然可存留数年，但老叶粗大质硬，很不美观，可考虑将其摘除，以促发新鲜的嫩叶。

摘叶前

摘叶后

铁马鞭盆景——风华正茂（逸心亭 作）

摘叶时间一般在6~9月的生长季节，我国不少地方都有在国庆节前后举办盆景展的习惯，可提前10~20天将其老叶摘除，长势旺盛的植株可一次将全部叶片摘除，长势弱的植株可分2~3次摘叶。摘叶后给予充足的光照，并施一次腐熟的有机液肥，以后加强水肥管理，每周施一次腐熟的稀薄液肥，经常向枝干喷水，不久就会有嫩绿可爱的新叶长出，给人以清爽宜人、奋发向上的感觉。

由于盆景在枝叶繁茂时，其枝干的不足往往被叶子遮挡，而摘叶后无遮无挡，其缺陷就会暴露无遗。因此摘叶后的树相是赏评盆景优劣的重要标准之一。有人还将摘叶或落叶后的盆景拍成照片，从中找出不足，加以修改，使之更富有画意。对于动式盆景，摘叶后筋骨毕露，更能彰显其在狂风暴雨中不畏强暴的抗争精神。

榆树盆景——长鬃飞扬（毛皓铭　作）

榔榆盆景——吼（史运福　作）

对于冬红果、石榴、苹果、梨、木瓜等观果盆景，还可在观赏期摘除部分，甚至全部叶子，以突出果实的丰美。

摘叶前的现代海棠

摘叶后的现代海棠（杨自强　作）

在岭南派盆景中，摘叶被称为“脱衣换锦”，因为不少盆景的枝干（除榆树、朴树、三角枫等落叶植物外，还不乏榕树、九里香、红果仔、山橘、三角梅等常绿植物）顿挫刚健、苍劲挺拔，摘叶后筋骨毕露，所展示的“寒树”相极富阳刚之美。而新芽萌发后，鲜嫩的芽、翠绿的叶与苍健的枝干相映成趣，犹如给树木披上一层翠绿的“锦袍”，极具观赏性。

朴树盆景——虎啸南天（何文开　作）

三角梅盆景——回眸一笑满园春（陈昌　作）

黑松盆景——望泉（康传健　作）



**松树的短叶法**　黑松、赤松、马尾松等种类的松树针叶较长，为了使其变短，除在春季新叶生长时控制水肥外，还可用“短叶法”，其内容包括切嫩枝、疏芽、摘老叶等，具体操作如下：在7~8月将当年生长的新枝全部剪去，由于植物有自我恢复伤残、寻找平衡的能力，第二轮新芽在8~9月又会在枝头生长，可在9~10月将多余的芽疏掉，仅留枝条两侧或水平方向的两个芽。以后随着气候逐渐变冷，抑制了新芽、新叶的生长，11~12月剪除剩余的老叶，于是植株就剩下第二轮生长的短针叶了。

也可在4月中旬以中等长度的新芽为基准，将过长的新芽超出部分掐掉，使之长短相差不大。6~7月植株再次长出新芽后，先将弱芽从枝梢切除，一周后再切强芽，以催生较为整齐的第二轮芽。7~8月切除弱芽和延伸不良的芽，每个切口保留2个旺盛的芽。如此可分散养分，使针叶变短。

**摘心** 在生长期将植物新梢顶端幼嫩的部分去掉谓之“摘心”。摘心可促进腋芽萌动，从而多长新枝，有利于树冠形态的稳定。某些植物在新枝生长时摘心，还有利于养分的积累和花芽分化，并能够避免徒长。

**抹芽** 将树桩新萌发出来的幼芽，在未长成枝之前用手抹掉。一般树桩在生长季，尤其春夏之时，在干基部或枝干上，常萌发出许多新的幼芽。对这些新幼芽，除造型需保留理想位置的芽让其继续生长外，其余无用的幼芽应全部及时抹掉，以减少养分消耗，有利植物生长；并避免幼芽成枝后影响盆景的造型，同时也免去以后剪枝的麻烦。

桑树盆景的树冠杂乱无章

进行整形，剪去部分枝叶

修剪后的效果（杨自强　作）

翌年春天发芽前仔细观察其枝丛，进行修剪

新叶萌发后的树相

修剪后枝丛疏朗，条理分明

3 年后换盆，又是一番风采

**修剪** 包括疏剪、短剪、缩剪等技法，具体参考“技法篇”。

需要指出的是，无论什么样的修剪，都要有作品的整体观念，切不可为了一枝一叶、一花一果的美感而影响盆景的整体造型，对于粗枝以及成形枝的修剪一定要小心谨慎，仔细审视，否则一旦误剪，将会造成不可逆转的损失，至少在几年内影响观赏性。

## （三）放养

所谓放养，就是将盆景栽种在较大的盆器内，给予充足的水肥供应，使之生长健壮，恢复树势。

放养中的朴树

我们知道，成形的盆景一般是栽种在或小或浅的盆器内，盆内的土很少，仅仅能够维持植物生命的延续，很难使盆内的植物健康生长。长期下去，就会使得植株衰弱，造成退枝，甚至植物死亡，所以盆景界有“盆景成景之日就是死亡之日（即功成身退）”。因此，对于成形的盆景定期放养（一般每隔3~5年放养一年），是保证其健康的必要条件。放养期间要进行翻盆换土，并剔除根系中的老化根、病残根和死根，以及过密的根。放养阶段尽量不要作剪枝、抹芽、蟠扎等控形措施（尤其是对于需要保留的枝片更要任其生长，但如果顶端的枝条生长过旺，可加以控制，以去除植物的顶端优势，使其营养分布合理，有利于树势的恢复）。养护中尽可能地给予植物适宜的阳光、土壤、水肥，满足其最大复原的需求，使植物各项生理机能得到健康恢复。

## （四）保水路

水路也称水线，是指植物从根部通过树干、树枝向叶子输送水分、养分的通道（由树皮组成）。水路畅通与否对盆景的正常存活生长有着至关重要的作用。有些舍利干造型的盆景仅靠树干上的寥寥几条水路就能健康生长，而这些水路一旦枯死或者被切断，与之相关的枝叶会因缺乏正常的养分而枯死。因此，养护、搬运过程中都必须格外小心，一旦发现水路异常，应立即寻找原因，并采取应对措施。水路是盆景的生命线，保持其鲜活健康，是养好盆景的关键。

刺柏盆景（郭振宪　作）

## （五）改作

盆景是“有生命的艺术品”，有生命，就有变化，这些变化或来源于植物自身的生长，或通过修剪、蟠扎、换盆等盆景造型技法来实现。对于已经成形，甚至获得过大奖的盆景重新造型，进行二度创作，谓之“改作”。这是盆景创作的继续，成功的改作能使盆景脱胎换骨、焕然一新，具有“凤凰涅槃，再获重生”的艺术效果，能够较大地提高盆景作品的档次。

柽柳盆景——唐宋遗韵（王小军　作）

对于成形的盆景，看久了，难免会产生审美疲劳，遇到这种情况不妨换个盆，换种盆景造型，也会收到意想不到的效果，这也是对盆景的一种改作。

柽柳盆景——牧归（王小军　作）

绿荫如水钓闲情（马建新　作）

《绿荫如水钓闲情》改成《饮马黄河边》就是一个很好的例子。《绿荫如水钓闲情》表现的是溪水畔，柳荫下一老者持竿垂钓，作品的树貌树姿都很好，但整体布局却有些局促。后来作者将原来120厘米的椭圆形浅盆更换为长150厘米的不规则形浅

饮马黄河边（马建新　作）

盆，把2块陆地合并成一块，并重新作了水岸线，舍弃右侧的小树，新增一株较大的柽柳作为主树，将原来的2株作为辅树放在主树的左侧，又在主树的右侧增加一株小树，使整体造型更加自然流畅，并将一匹低头饮水的马作为配件，遂起名《饮马黄河边》。

## （六）退枝的处理

所谓退枝，是指在盆景的养护过程中，某个在造型中起着重要作用的枝条，因种种原因枯死，使得盆景出现残缺、不完美。若遇到这种情况，可对其进行重新造型，使之旧貌换新颜，再度焕发青春。如果方法得当，能够把将要淘汰的残次品盆景变成艺术品，从而达到化腐朽为神奇的艺术效果。

**《舞风弄影》与《献瑞》**　月季盆景《舞风弄影》右侧的枝干退枝后，将其短截，并将残留部分做成舍利干，以表现其苍老古雅。剪去部分枝条后，其形姿犹如灵兽献宝，故命名《献瑞》。

舞风弄影（王小军　作）

献瑞（王小军　作）

**《古韵迎春》变形记** 迎春花盆景《古韵迎春》原为大树型造型，后来右半边的主枝枯死了，深思熟虑后，剔除死去的根和枝条，蓄养新的枝条，将其蟠扎成垂枝状。其依依下垂的枝条疏朗飘逸，树干部分好像一个人抱着一棵树，细细品味，还真有点鲁智深倒拔垂杨柳的意思。

古韵迎春A（杨自强　作）

古韵迎春B（杨自强　作）




有时树桩盆景的整个树干及枝条都会死去，但根部却还活着，并从基部萌发新的枝条。遇到这种情况，可对从基部萌发的枝条进行造型，使之呈小树状，以表现大自然中生生不息的生命景象。榆树盆景《逸然》就是这样的一件作品，虽然该作品还不是那么成熟，但假以时日，随着小树的成长，必会成为一件不错的作品。此外，如果能换一个稍浅的长方形或椭圆形盆器，并将题名改为《生生不息》或《生命》则效果更佳。

逸然（唐庆安　作）

## （七）不良枝的处理

不良枝是指那些对盆景造型有不良影响的枝条，主要有下面几种。

**轮生枝** 以树干或枝为中心，呈辐射状生长的数根枝。可依树形需要，在适当位置留下一枝，其余的尽早剪除。

**对生枝** 以干或枝为中心，同一点左右伸出的枝。可根据整体布局，将其中一枝切除。

**平行枝** 上下枝平行，可依树形剪去一枝。

**重叠枝** 两个或多个枝条交叉重叠，扰乱树形，应及时剪除。

**内膛枝** 枝干内部生长的小枝，内膛枝不仅影响盆景的通风透光，还会扰乱树形，应及早除去。

**病弱枝** 就是生有病虫害的枝条，其长势较弱，甚至枯死，可对症下药，消除病虫害，使之复壮。

**徒长枝** 枝的长势较强，生长速度快，枝条直粗，应剪短成切除。

**立枝** 从横生的粗枝中向上的徒长枝，因植物顶芽较强势，会使母株衰弱，应趁早除去或用金属丝调整。

**向下枝** 由横生的粗枝下侧向下垂长的小枝，易造成通风不良，应趁早剪除。

**切干枝** 粗枝横跨在干的前面，或经由前面绕至后面者，应剪短或切除。

**逆转枝** 树枝由干向外伸展，中途反向干生长的枝，应剪短或切除。

**迎面枝** 在树干高度二分之一以下的正面，直冲观赏者而影响干线条的枝，应进行调整或去除。

**萌蘖枝** 基部或主干萌发的枝条，其长势较强，往往影响主干的长势，使之衰弱，甚至枯死。应及时剪除。

白刺花的萌蘖枝

**冠外枝** 即超出树冠线的小枝，可在拍照或参展前将其剪除。

不良枝的去除可在春季萌芽前或秋季，对于萌蘖枝、管外枝、徒长枝则可在生长期随时进行。较大的不良枝在去除时，剪口部位应用刻刀修成凹状，使之以后形成“马眼”，并涂上伤口愈合剂消毒以防止细菌侵入。

锦鸡儿的冠外枝（张国军 作）

## 三、盆景的四季管理

### （一）春季管理

气候学上的春季（以下的各季均以气候学概念为准），是指连续5天平均温度稳定在10℃以上至22℃的这段日子。虽然在每年的2月4日前后就到了立春节气，但由于我国幅员辽阔，不同地区的温度相差很大，而且早春和暮春的气候也相差悬殊。因此，盆景的管理也要根据各地的气候特点和时间进行。

春季盆景管理中的一项重要工作就是“出房”，即把室内越冬的盆景搬到室外接受阳光的沐浴，大自然的洗礼。此项工作可根据各地的气候状况进行，一般在平均气温稳定在10℃左右时进行。

在春季，可以对盆景翻盆换土，对于成形的杂木或松柏类盆景，不需要生长太快，可隔2~3年翻盆一次，甚至4~5年翻盆一次，但对于以观花、观果类盆景可每隔1~2年翻盆一次，这是因为此类植物开花、结果需要大量的养分，必须换土补充养分，才能达到花果双赢的目的。此外对于一些生长过旺，影响造型美观的草本植物盆景以及盆器不合适，需要改作的盆景作品也要换盆。

春季还是采挖树桩的最佳季节，不少地区树桩市场的高峰期也在春季，尤其以春节至清明这段时间最为红火。可购买一些适宜的树桩作为盆景素材培养。

春季的气候并不稳定，时常受倒春寒侵袭，在有些地区3月还会有寒流引起的气温猛降，这些都会给盆景造成伤害，严重者甚至导致植株死亡。因此，防寒也是春季盆景管理的重中之重。对于已经发芽的植物，如石榴、枸杞、柽柳等落叶植物更要注意，否则会造成已发芽的枝条退枝，甚至全株冻死。而到了暮春时节，干热风对植株的影响也不容小觑，其轻者芽、叶焦枯，重者枝干枯干、植株死亡，除浇水保持土壤湿润外，还应经常向植株喷水，以增加空气湿度，也可将盆器移至避风之处养护。

对于落叶植物，可在春季萌芽前进行修剪整形，剪除枯枝、细弱枝、交叉重叠枝，将过长的枝条短截，将树冠控制在一定范围内，以保持盆景的优美。

春季万物复苏，一些害虫也从冬眠中苏醒过来，因此还要注意病虫害的防治。

垂丝海棠盆景——烂漫（郑州市碧沙岗公园）

## （二）夏季管理

气候学上的夏季，是指连续5天日平均气温在22℃以上的这段日子。同是夏季，南方、北方的气候也有所不同，一般来说，南方的夏季是湿热，北方则是干热。夏季是一年中光照时间最长（其中夏至这天是全年中日照时间最长的一天），气候最为炎热的季节，同时也是冰雹、暴雨、大风等极端天气的高发季节。

大多数树桩盆景在夏季都可放在室外空气流通处养护，喜欢阳光充足的榆树、苹果、柽柳、金雀等不必遮阴，而竹子、棕竹等相对喜阴的植物可放在阴棚下或其他无强光照射的环境中养护，以免强光灼伤叶片。

夏季温度高，水分蒸发快，一定要有充足的水分供给，必要时可以每天清晨和傍晚各浇一次水，浇水一定要浇透，切忌浇半截水，并避免中午前后天气最为炎热的时候浇水。对于微型盆景还可将其连盆埋在较大的盆

雀梅盆景——夏日幽林（娄安民 收藏）

器内或沙床上养护，菖蒲、竹子等喜欢湿润的品种亦可放在水盆内养护，但要注意盆中的水不要淹没盆面。若遇连阴雨或暴雨天气，也要及时排水，以免将植物根系泡在水中，造成烂根。盆中被雨水冲走的土壤也要及时培上，以保护根系不受损害。

梅花、冬红果、苹果、梨树、迎春花、佛手、柑橘等观花观果植物的花芽是在夏季形成，到冬天或翌年春季绽放。可在6~7月（具体时间可根据植物品种决定）“扣水”，方法是控制浇水，使盆土干旱，等新梢萎蔫时再浇一次透水，如此反复刺激7~10天，可有效地促进花芽的形成。

对于生长期的盆景可适当施肥，肥料以腐熟的有机液肥为主，宜淡不宜浓，做到薄肥勤施，不要施未腐熟的生肥或浓肥，以免烧坏根系。

夏季植物生长茂盛，对于萌发力强的植物应及时抹去基部以及树干上萌发的新芽，过长的枝条也要短截，并注意摘心、打头，以保持盆景造型的优美。对于当年生的枝条可进行蟠扎造型，以免枝条老化后变硬，操作时折断。

夏季是各种病虫害的高发季节，应注意防治。

## （三）秋季管理

气候学上的秋季，是指夏末出现连续5天的平均气温稳定在22℃以下起至10℃的这段日子。“天高气爽，阳光充足，昼夜温差较大”是秋天的主要气候特点，同时秋季又是气候变化较大的季节，时而秋雨连绵，时而又有“秋老虎”肆虐，到了晚秋还会有霜冻、寒流，在11月初有时还会有寒流带来的大

石榴盆景——秋韵（梁凤楼　作）

雪，这些都会对盆景造成伤害，应注意防范，以免造成损失。

在8月的初秋，虽然夜晚的温度有所下降，但白昼还是骄阳似火，炎热高温仍是主流，盆景的日常管理可按夏季进行。

在我国，国庆节前后是各地举办盆景展的高峰期。盆景在秋季的日常管理也要围绕这个工作进行，对参展的作品进行精细化管理，以蟠扎、修剪、牵引等技法调整枝条，使其疏密得当，造型美观。并在盆面铺青苔、点石，做出自然起伏的地貌。对于榆树、榕树、朴树、黄荆、红果仔、三角枫等杂木类盆景可在展出前10~15天进行摘叶处理，新发的嫩叶或翠绿清新，或红艳动人，与苍劲的枝干相映成趣，富有阳刚之美。

秋季，盆景管理的一项重要的工作就是“入房”，即把一些耐寒性不是很好的植物搬到室内越冬，一般在10月20日前后的霜降节气进行。即便是有一定耐寒性的植物，也最好能移到室内，以求保险安全，避免受损。也可将花盆埋在室外避风向阳处越冬，并对枝干等地上部分进行保护，或罩上塑料袋，或用毛布等将枝干包裹起来。为了防止花盆在严冬被冻裂，在晚秋时还可用旧毛布、棉被等将花盆包裹起来。

## （四）冬季管理

气候学上的冬季，是指连续5天平均气温在10℃以下的日子。盆景的冬季管理应围绕着防寒保温和增加光照进行。

对于松柏类及榆树、黄荆、石榴、枸杞等生长于温带的针叶或阔叶落叶植物，虽然有着很好的耐寒性，但由于盆景的盆器不大，在寒冷的环境中很容易遭受冻伤，其轻者退枝、根系干枯，严重时甚至整株死亡，因此最好放在冷棚内越冬，保持土壤不结冰。温度过高会造成植株提前发芽，得不到充分的休眠，对翌年的生长不利，因此温度最好控制在10℃以下。

对于产于热带、亚热带的榕树、黄杨等常绿阔叶植物，最好放在10℃以上的环境中，如果室内有暖气等取暖措施，除浇水保持土壤湿润外，还要向叶片喷水，以保持空气湿润，使叶色清新润泽。对于处在休眠期的落叶树桩盆景，也不要长期干旱，应保持土壤有一定的湿度，以避免“干冻”，否则会造成退枝，严重时甚至整株死亡。

此外，还要注意盆器的大小和深浅，盆器越小越浅，植物的抗逆能力就越弱，管理就更要细致。

由于冬季大多数植物处于休眠状态，即便是不落叶的常绿植物，生长也极为缓慢，故不需要施肥。但对于松柏类的针叶植物，冬季施肥可有效地促进其枝干增粗，施肥方法是将颗粒状饼肥或复合肥埋在盆土里或放在玉肥盒内，使其释放养分到土壤中，供植株吸收。

在较为寒冷的地区，冬季一般不作修剪造型，尤其是室外放置的盆景，更不能修剪，以免造成退枝。而在气候温和或者温室内，可作修剪等造型工作。

冬季也可进行山采挖桩，新栽的桩子注意保温保湿，即便是在棚内，最好也罩上透明的塑料膜或用苔藓、湿布将枝干包裹，以保持湿润，有利于桩子成活。

对节白蜡盆景——雪压冬林（徐祖胜　作）

蜡梅盆景寒山梅影（顾国钦　作）

# 附 盆景摄影浅谈



摄影，是保存盆景资料常用的方式。随着岁月的流失，有不少盆景的实物已经不在了，即便在也是物是人非。如果在其最具风采的时候，拍摄照片，则能够化瞬间为永恒，将其最美的瞬间定格下来，使之成为永久的艺术品。此外，对于自己的盆景，还可从照片中找出不足，加以改进，使作品更加完美。

**摄影器材** 盆景摄影对摄影器材的要求并不高，普通的数码相机、手机都能使用，近年来随着科技的发展，手机的拍照功能日趋完美，不论是照片的清晰度还是色彩还原度都达到了较高的水平，已成为拍摄盆景的主要器材。但如果有一台单反或微单照像机则效果更好，拍出照片的层次丰富，色彩自然，所配镜头以广角至中焦为宜，如18~135mm的变焦镜头等。

拍摄时诸如对焦、曝光等技术问题可由相机或手机自动处理，可采用光圈优先模式拍摄，把光圈设定在F8（这是大多数相机镜头的最佳光圈），快门速度由相机根据现场光线自动调节，测光模式可选择点测光，必要是可进行曝光补偿（一般讲黑色背景减0.3~0.7，白色背景增加0.3~0.7的曝光量），以求主体曝光的精准。

手掌上的石榴盆景（王小军　作）

**背景选择** 拍摄盆景，最好有块背景布，其要求平展，不使用时可折叠放在包里，折叠后不留下痕迹，无污迹，颜色以白、浅灰、淡蓝、黑等为佳，其中白色或黑色使用的最多。而红、黄、橙、紫、深蓝等色的背景过于鲜艳，有喧宾夺主之感，而且这些颜色还会反射到植物或盆器上，使照片偏色；绿色由于与大多数植物的叶色接近，都不宜采用。如果植物是深色的要选择浅色背景，而浅色的植物应选择深色背景，总之背景的颜色要与盆景的颜色有所区别。此外还可用干净的白墙做背景。需要指出的是，白色背景拍出的照片不一定是白色，如果光线照射到植物上，背景就会因曝光不足而呈不同深浅的灰色。

在拍摄单盆微型盆景时，可以用长焦距镜头或大光圈将背景虚化，而用大幅风景画作为背景也是不错的选择，但要注意的是背景画最好是山水风光或者蓝天白云，而且画面构图不能过于凌乱花哨，也可用淡雅的国画作背景，以突出中国传统文化特色。总之，背景要简洁，以突出主体。

朴树盆景——问青天（牛得槽　作）

**拍摄时机**　盆景的拍摄时机因树种而异，观花、观果类盆景应在花期或果实成熟时拍摄；常绿树种宜在生长期拍摄；落叶植物则可在新叶刚长出后或生长季节拍摄；而某些骨架优美的盆景多在落叶后或新芽萌动时拍摄；有些树种的盆景一年四季各有靓点，如石榴春季新叶鲜红亮丽，夏季绿叶红花相得益彰，秋季硕果满枝，冬季枝干苍劲虬曲；而黄栌的叶子夏季浓荫如翠，秋季则红艳动人。拍摄前应对盆景做适当修剪整形，剪除影响树形的枝、芽，根据需要在盆面摆上配件、奇石等。将花盆擦干净后晾干，使其没有水痕或其他杂物。

秋思（李云龙　作）

在盆景展览中，展品是不让随意搬动的，应尽量用原有的环境进行拍摄，可用颜色纯净的展板作背景，若无背景板，可用纯色的布等由2人扯着作背景。若光位不适宜拍摄，可等待一段时间再拍摄。对于盆面插有标识牌子和树上因获奖而悬挂的大红花，也要尽量去掉。为了保证资料照片的完整性，可将标牌单独拍摄，以便日后核对该作品的植物名称、作品题名、作者或收藏者姓名。

**光线及角度** 拍摄盆景多采用自然光（当然，若能够布置个小型摄影棚，进行人工布光，效果更佳），室内室外皆可进行，时间以薄云遮日的多云天为佳，此时光线明亮、反差小，能够表现植物的细部；阴雨天的散射光自然柔和，背景上无阴影，也可以进行拍摄。天气晴朗时拍摄要注意阳光的均匀性，避免光比过大，否则会造成高光部分曝光过度，阴影部分曝光不足，使亮部“死白”，暗部发黑，缺乏中间层次；拍摄的光位可用侧光、侧逆光、散射光，尽量少用顺光

石榴盆景太平盛世（齐胜利 作）

月季盆景——争艳（郑州植物园）

罗汉松盆景——厚道（徐三法　作）

金陵春（南京古林公园）

黄荆盆景——牧归（郑州市碧沙岗公园）

（正面光）和闪光灯，否则画面发白，缺乏层次，而且还会在背景布上产生阴影。逆光、顶光能够很好地表现盆景地轮廓，但其光比过大，会导致主体曝光不足，画面晦暗，不能表现其细节，可用反光板等设施进行补光，并注意不要让阳光照射到镜头上，以免在画面上形成“光晕”（俗称鬼影）。

拍摄时要根据盆景的造型选择角度，对于大多数盆景来讲都要一个主要观赏面（俗称“脸”），这是拍摄盆景的最佳角度。当然也不排除某些盆景具有多个观赏面，因此，拍摄时要注意左右、前后的位置，既可从正面拍摄，也可从侧面拍摄，甚至从后面拍摄。还要注意照相机的高低位置，一般来讲，普通的树桩盆景可用平视或稍低的角度拍摄，以表现树木的高大；悬崖式盆景则适宜用仰视的角度拍摄。构图时应根据盆景的造型选择横幅或竖幅。其整体与局部的取舍要根据表现的内容不同进行，如果是表现盆景的整体造型，不但把植物、山石等主体部分拍全，还要将花盆、几架拍上；如果是为了表现细节，作为研究资料保存，也可拍摄盆景的枝、干、根等局部以及有缺陷或不足的部位，甚至盆面的石块、坡角的布局，配件的摆放位置等。还有人喜欢将盆景的配件作为主体，辅以枝干、盆面的苔藓、点石等，俨然是一幅清新雅致的自然小景，很有趣味。对于一些微型盆景，还可用手托着拍照，以衬托其玲珑精致。此外，还要注意盆景线条的横平竖直，不要让人觉得盆景是斜的、歪的。对于精品盆景要从不同的角度多拍摄几张，从中挑选最好地一张。

真柏盆景——林泉幽情（郭伯喜　作）

**资料保存**　拍好的照片最好输入电脑保存，不要长期储存在相机或手机里。还可用软件对照片进行后期处理，裁掉多余的部分，去掉背景上的斑点或其他不尽如人意之处，对照片的色彩、亮度、对比度也要进行调整，使其背景纯净、主题突出，更加完美。无论作什么样的处理，都一定要保留原照片，以免处理失误或其他原因照片损毁，造成不可逆转的损失。

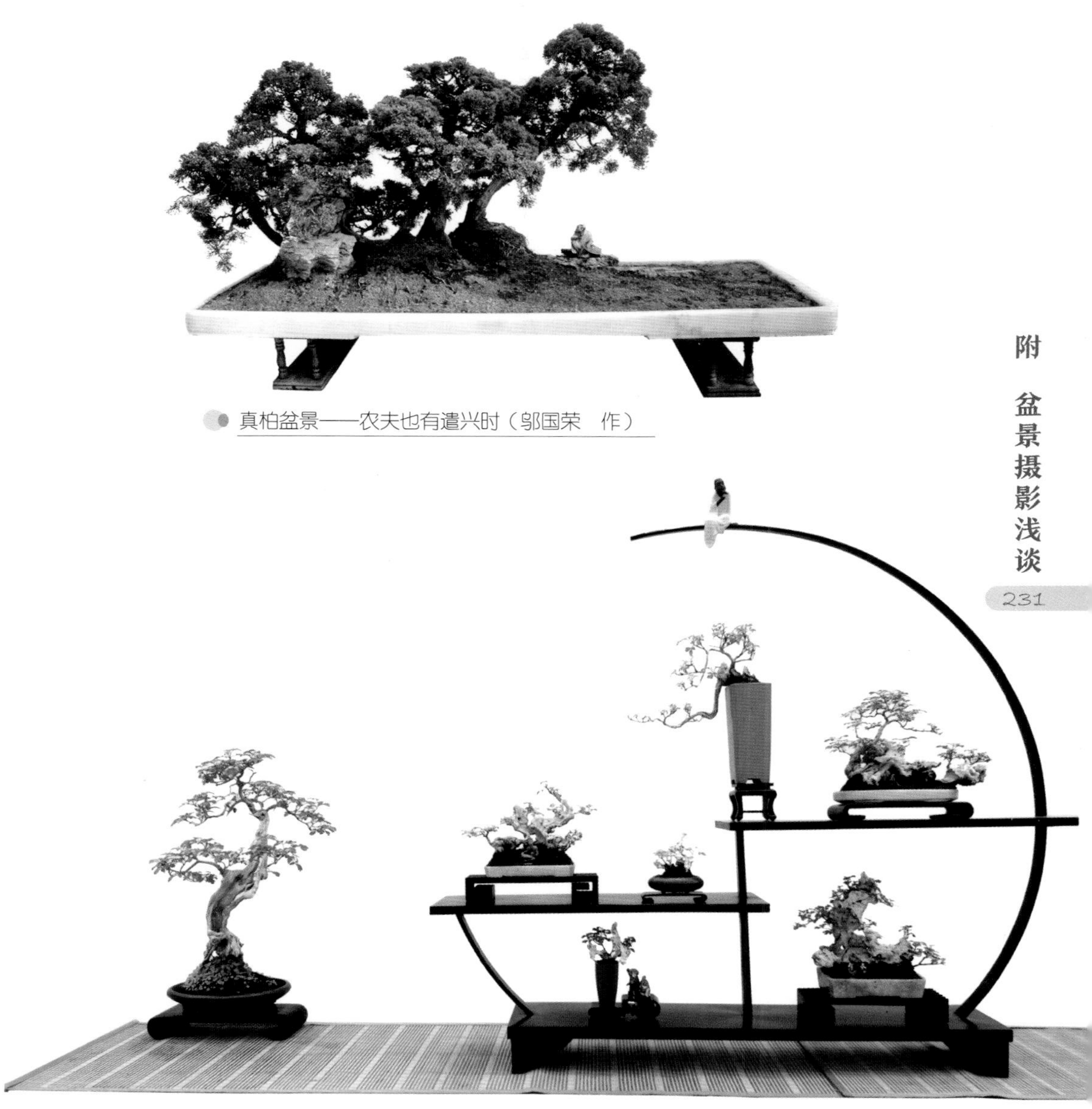

真柏盆景——农夫也有遣兴时（邬国荣　作）

荟萃（付士平　作）

金雀盆景——掌中岁月（张国军　作）